安南坝保护区野生动物多样性研究

卜书海 刘建泉 周多良 主编

西北农林科技大学出版社

图书在版编目（CIP）数据

安南坝保护区野生动物多样性研究/卜书海，刘建泉，周多良主编. 杨凌：西北农林科技大学出版社，2020.9
ISBN 978-7-5683-0861-8

Ⅰ.①安⋯　Ⅱ.①卜⋯②刘⋯③周⋯　Ⅲ.①自然保护区—野生动物—生物多样性—研究—阿克塞哈萨克族自治县　Ⅳ.①Q958.524.24

中国版本图书馆CIP数据核字（2020）第171182号

安南坝保护区野生动物多样性研究
ANNANBA BAOHUQU YESHENG DONGWU DUOYANGXING YANJIU

卜书海　刘建泉　周多良　主编

出版发行	西北农林科技大学出版社
地　　址	陕西杨凌杨武路3号　　　邮　编：712100
电　　话	办公室：029-87093105　发行部：029-87093302
电子邮箱	press0809@163.com
印　　刷	西安浩轩印务有限公司
版　　次	2021年2月第1版
印　　次	2021年2月第1次印刷
开　　本	787mm×1092mm1/16
印　　张	8　　　　　　　　　　　插　页：14
字　　数	153千字

ISBN978-7-5683-0861-8

定价：62.00元

（如有印装质量问题，请与本社联系调换）

《安南坝保护区野生动物多样性研究》委员会

主　编：卜书海　刘建泉　周多良
编　者：郑雪莉　周永祥
摄　影：卜书海　刘建泉

甘肃安南坝国家级自然保护区野生动物资源考察队

队　长：卜书海　刘建泉
队　员：胡阿提　周永祥　吴　昊　周多良
　　　　郑雪莉　田翠翠　刘文铸　梁　英
　　　　马永胜　何　森　富　裕　格　桑
　　　　冯培文　袁　晨　卜梦溪　贺孜尔汗
　　　　段其成　白升轩　王天晖　周多俊
　　　　胡尔曼

前 言

甘肃安南坝野骆驼国家级自然保护区（以下简称"安南坝保护区"）位于甘肃省酒泉市阿克塞哈萨克族自治县境内西部，地处库姆塔格沙漠和阿尔金山之间，北接甘肃敦煌西湖国家级自然保护区，西邻新疆罗布泊野骆驼国家级自然保护区，南靠青海省海西州，地理坐标介于东经 92°20′~93°19′，北纬 39°02′~39°47′之间，总面积39.6万hm^2，海拔1620~4810m。安南坝保护区地势南高北低，阿尔金山构造运动造就了4个地貌单元，既有山岭陡峻的高山、山势平缓的剥蚀残山，又有冲积、洪积物形成的山前倾斜平原和起伏不定的沙漠，构成了这里独特的自然风景资源。

保护区地处温带干旱气候区，属典型的大陆性气候，冬季严寒，夏季酷热，风沙多；日照时间长，太阳辐射强烈；降水量小，散发量大；地表水少，地下水埋深大；土壤含盐量大，有机质、腐殖质含量低；植被稀疏低矮，耐寒、耐高温、耐旱、抗旱和耐盐性强，为非常脆弱的荒漠生态系统。这种特殊的地理位置和严酷的生态环境孕育了典型的荒漠动植物多样性，植被以藜科、麻黄科、柽柳科等植物为典型代表；动物生态地理类型以野骆驼、鹅喉羚为代表，大多数属于荒漠动物类群。

本世纪初以前，安南坝保护区因为野骆驼种群分布而得到国内外专家学者的密切关注，从地方政府到自然保护区管理局，从科研院所到中外基金会进行了10多次的野骆驼科考，积累了丰富的有关野骆驼种群数量、分布及伴生物种的有关数据。2000年，阿克塞县林业局与兰州大学合作，进行了安南坝保护区的综合科学考察，记录脊椎动物121种，其中国家重点保护动物28种。2014年，阿克塞林业局阿利·阿布塔里普出版《甘肃西部陆生脊椎动物志》，记录了阿克塞县域的400种脊椎动物。2015年，西北农林科技大学主持"中国野骆驼资源"专项，对保护区野骆驼及伴生动物进行了调查，记录了50多种动物。自首次保护区生物资源调查相隔近20年后，受安南坝保护区管理局委托，西北农林科技大学于2017年至2020年间开展了脊椎动物专项调查。调查结果表明，安南坝保护区共有野生脊椎动物216种，隶属22目55科130属，动物地理成分以古北界为主，占有明显优势。其中，本保护区有爬行动物2目6科7属10种，鸟类13目33科83属150种，兽类7目16科40属56种，缺少两栖类和鱼类。保护区内分布有国家I级重点保护物种8种，国家II级重点保护物种31种，以及甘肃省级重点保护脊椎动物4种；同时保护区内还分布14种中国特有动物。与兰州大学等（2002）编制的保护区综合考察动物名录比较，本次新增野生动物96种，包括兽类15种、鸟类78种和爬行类3种。本次调查涉及面广，能够充分体现安南坝保护区的脊椎动物资源现状。

本次脊椎动物专项调查由西北农林科技大学生命科学学院、林学院等单位的专业人员组成骨干队伍，带领多名博硕士研究生，连同安南坝保护区的干部和技术人员，共同组成调查队伍完成。在此基础上，经过物种摄影与识别、标本鉴定，于2019年出版了《安南坝保护区脊椎动物图谱》作为报告的一个支撑材料；同时经过数据处理和分析，完成本报告的编写。

本次科学考察工作得到了甘肃省林业和草原局、阿克塞县林业局、西北农林科技大学、安南坝保护区管理局及相关单位的大力支持，特此致谢！

由于野外考察和编写时间短，难免有遗漏和不足之处，恳切希望各位专家和同仁批评指正。

编 者

2020年9月

阿尔金山（卜书海/摄影）

卡拉塔·什塔格（卜书海/摄影）

芨芨草草甸（刘建泉/摄影）

冬格列克(卜书海/摄影)

苦水河谷地(卜书海/摄影)

斯班泉（刘建泉/摄影）

阿尔金山（刘建泉/摄影）

小红山（刘建泉/摄影）

雪豹（军斯别克/摄影）

狼（周永祥/摄影）

鹅喉羚（卜书海/摄影）

野骆驼（刘建泉/摄影）

野驴（卜书海/摄影）

盘羊（卜书海/摄影）

安南坝湿地（刘建泉/摄影）

岩羊（卜书海/摄影）

蒙古兔（卜书海/摄影）

高山兀鹫（卜书海/摄影）

三趾心颅跳鼠（卜书海/摄影）

胡兀鹫（卜书海/摄影）

三趾跳鼠（卜书海/摄影）

大天鹅（刘建泉/摄影）

棕尾鵟（卜书海/摄影）

变色沙蜥（卜书海/摄影）

青海沙蜥（卜书海/摄影）

毛腿沙鸡（刘建泉/摄影）

纵纹腹小鸮（刘建泉/摄影）

梭梭荒漠（刘建泉/摄影）

合头草荒漠（刘建泉/摄影）

野外科学考察工作

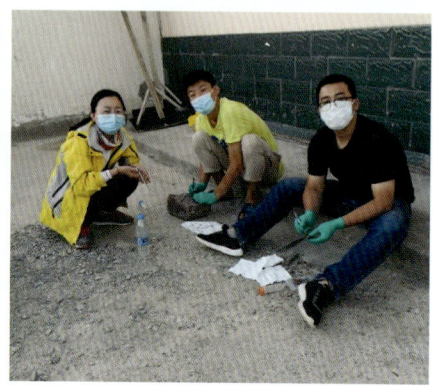

目 录

第一章 总 论
- 1.1 自然地理概况 ········· 001
- 1.2 地貌和水文 ········· 001
- 1.3 气候 ········· 002
- 1.4 土壤 ········· 002
- 1.5 生物多样性 ········· 003
- 1.6 社会经济概况 ········· 005

第二章 野生动物资源概况
- 2.1 研究简史 ········· 007
- 2.2 调查内容 ········· 009
- 2.3 调查方法 ········· 009
- 2.4 脊椎动物基本组成 ········· 012
- 2.5 重点保护脊椎动物组成 ········· 012
- 2.6 中国特有脊椎动物组成 ········· 013
- 2.7 脊椎动物区系特征 ········· 014
- 2.8 保护区脊椎动物资源变化分析 ········· 015

第三章 兽类资源
- 3.1 区系组成 ········· 019
- 3.2 区系特征 ········· 024
- 3.3 分布特征 ········· 026

3.4　珍稀、濒危及保护兽类 ………………………………………… 029

　　　3.5　与毗邻保护区的比较 …………………………………………… 031

第四章　鸟类资源

　　　4.1　物种组成 ………………………………………………………… 033

　　　4.2　区系组成 ………………………………………………………… 041

　　　4.3　区系分析 ………………………………………………………… 042

　　　4.4　分布特征 ………………………………………………………… 045

　　　4.5　特有鸟类和保护鸟类 …………………………………………… 046

　　　4.6　与毗邻保护区的比较 …………………………………………… 049

第五章　爬行动物

　　　5.1　区系组成 ………………………………………………………… 050

　　　5.2　区系特征 ………………………………………………………… 051

　　　5.3　分布特征 ………………………………………………………… 052

　　　5.4　珍稀、濒危的爬行类 …………………………………………… 053

　　　5.5　与毗邻保护区的比较 …………………………………………… 053

第六章　中国野骆驼研究与保护进展

　　　6.1　调查研究简史 …………………………………………………… 055

　　　6.2　分布 ……………………………………………………………… 056

　　　6.3　数量变化 ………………………………………………………… 058

　　　6.4　栖息地选择 ……………………………………………………… 059

　　　6.5　生态习性 ………………………………………………………… 060

　　　6.6　受威胁因素分析 ………………………………………………… 065

　　　6.7　保护现状评价 …………………………………………………… 069

　　　6.8　问题及建议 ……………………………………………………… 072

第七章　红外相机陷阱技术在野骆驼水源利用中的监测

　　　7.1　方法 ……………………………………………………………… 076

7.2　结果 ·· 078
　　7.3　讨论 ·· 084

第八章　安南坝保护区野骆驼种群调查
　　8.1　研究方法 ··· 086
　　8.2　结果与分析 ·· 088
　　8.3　讨论 ·· 090
　　8.4　建议 ·· 091

第九章　安南坝保护区荒漠鼠类多样性研究
　　9.1　研究方法 ··· 094
　　9.2　结果与分析 ·· 097
　　9.3　讨论 ·· 103

第十章　野生动物资源利用及保护
　　10.1　资源动物 ··· 105
　　10.2　野生动物保护现状 ··· 108
　　10.3　保护对策 ··· 109

参考文献 ·· 113
附录Ⅰ　甘肃安南坝国家级自然保护区哺乳动物名录 ····················· 117
附录Ⅱ　甘肃安南坝国家级自然保护区鸟类名录 ··························· 119
附录Ⅲ　甘肃安南坝国家级自然保护区爬行动物名录 ····················· 124
附图1　安南坝保护区珍稀有蹄类动物分布图 ································ 125
附图2　安南坝保护区食肉动物分布图 ··· 126
附图3　安南坝保护区珍稀鸟类分布图 ··· 127

第一章 总 论

1.1 自然地理概况

甘肃安南坝野骆驼国家级自然保护区（简称安南坝保护区，下同）位于甘肃省酒泉市阿克塞哈萨克族自治县境内西部，地处库姆塔格沙漠和阿尔金山之间，北接敦煌西湖国家级自然保护区，西邻新疆罗布泊野骆驼国家级自然保护区，南靠青海省海西州，地理坐标介于东经92°20′~93°19′，北纬39°02′~39°47′之间，总面积39.6万hm²。其中，核心区位于索尔苏阿根至八龙沟以西，包括大红山、卡拉塔什塔格、克孜勒塔格、黄羊沟以及安南坝滩北部，海拔高度1700~2500m，面积12.85万hm²，占保护区总面积的32.4%；缓冲区位于核心区外围，面积12.05万hm²，占保护区总面积的30.5%；实验区位于保护区南部及东部缓冲区外围，包括阿尔金山及其北麓的安南坝山、苦水河河谷、小红山和小多坝沟，面积14.7万hm²，占保护区面积的37.1%。

1.2 地貌和水文

安南坝保护区地处阿尔金山东段北坡，地势南高北低，大致从东南向西北倾斜，海拔1620~4810m。其中，保护区境内南部阿尔金山最高峰海拔约为4810m，常年积雪、山势陡峭、沟谷发育、切割剧烈；其支脉安南坝山的平均海拔在3500m以上，它们共同构成了高山山地；最低处库姆塔格沙漠南缘海拔约为1620m，地势平缓。阿尔金山构造运动大致造就了保护区的4个地貌单元：①高山地貌：位于保护区南部，由阿尔金山及其北麓的安南坝山组成，海拔2400~4300m，山岭陡峻，"V"形谷发育。②中山地貌：位于保护区北部，由卡拉塔什塔格、大红山、小红山和夹山等剥蚀残山组成，海拔2000～2600m，经过长期的剥蚀山势陡峭，谷地平缓。③倾斜平原：位于保护区中部、高山和中山之间，由冲积、洪积物形成的山前倾斜平原，海拔2400～1900m。④沙漠：位于保护区北缘、库姆塔格沙漠南缘，由流动沙丘、平沙地和丘间低地等风沙地貌组成。

保护区水资源不丰富，大的可形成地表径流的河沟有4条，为木巴尔河、安南坝河、大冲霍尔沟、沙沟。它们均发源于阿尔金山，是以冰川和高山冬季积雪融水为补给来源的常年性河流。境内的泉有野马泉、苦水泉、斯班泉和苦水河，长短都能形成地表径流。大红山内也有一些散布的泉，为野骆驼的生存提供了水源。

安南坝河是保护区最大的一条河流，发源于阿尔金山主峰，主要由阿尔金山冰雪融水和基岩裂隙水补给，年径流量347万m^3，长约19km，流经沟脑袋、安南坝，出山后湮没在戈壁滩中。木巴尔河发源于阿尔金山主峰，流经冲霍尔，沿途接纳一些泉眼的泉水，穿过出山口后湮没在戈壁滩中。苦水河的源头在苦水河谷地，主要由谷底的泉眼补给，分别流经约4km后消失在干河床中。斯木图和斯班泉均发源于安南坝山，由基岩裂隙水补给，流经3km和10余km后消失在出山口附近。安南坝河和木巴尔河水可以饮用，而苦水河、斯木图和斯班泉是苦水。

1.3 气候

安南坝保护区地处青藏高原高寒地带，居亚欧大陆腹地，气候主要受蒙古高压大陆气团制约，属典型大陆性高寒半干旱气候，冬季严寒、夏季酷热、春秋季凉爽。全年平均气温8.2℃，最热月7月平均为25.0℃，最冷月元月平均为－9℃。气温日较差大，最高达29℃。日照时间长，全年日照时数3246h，日照率达73%，太阳总辐射为641.84kJ／cm^2。降水少，年降水量67.9～83.4mm，蒸发量1600～2500mm。风沙多，年平均风速1.6～1.8m／s，年大风次数多达18次，最大风速17～24m／s。无霜期90d左右，主要气象灾害有干旱、寒潮、暴风雪、霜冻、强降雨、冰雹、大风、沙尘暴等。

1.4 土壤

保护区境内主要有6个土类，7个亚类。风沙土分布于保护区北部与敦煌交界处山沿线，母质为洪积、冲积物。灰棕漠土主要分布于保护区境内砾石戈壁滩上，在南疆公路沿线宽20～40km，海拔1800～2200m的地带，阿尔金山北坡，从海拔1700～3200m均有分布，母质为洪积、冲积物。高山草原土主要分布于阿克旗乡的小冲霍尔、野马泉等，海拔3200～4200m之间的中高山地和宽阔地带，母质为洪积、坡积和残积物，质地为轻沙壤，土层较厚。高山漠土分布于海拔4200m以上的高寒地带，母质主要为冰渍物和残积物。栗钙土分布高度2900～3600m，但湿润条件较好，母质为冲积、坡积、洪积和残积物，土层较厚，质地轻壤质。盐土主要分布在苦水河一带的个别地段，土层较厚，地下水位一般在0.5～1.5m之间；表层土壤有机质平均含量2.97%，盐渍化严重，部分地段出现大量盐壳子。在安南坝农耕区还有部分灌淤土，是在洪积、冲积物的基础上人类长期灌溉而成的一类土壤。

1.5 生物多样性

1.5.1 植物多样性与植被

安南坝保护区内共调查到维管植物237种，隶属37科117属，其中，蕨类植物1科1属1种，裸子植物1科1属5种，被子植物35科115属231种（含7亚种和6变种）；双子叶植物有28科89属179种。

在维管植物区系中，单种科达到15科，占安南坝保护区总科数的40.54%，其中，9个科是广布科，杨柳科、忍冬科、列当科3个科是北温带广布科；剩余的锁阳科是地中海区至中亚和南非洲和/或大洋洲间断分布，天门冬科和马鞭草科分别属旧世界热带科和东亚（热带、亚热带）及热带南美间断科，这3科是该地区植物进化过程中的残余科，充分反映安南坝保护区多样的自然环境能够适应多种植物区系成分；同时，植物组成中双子叶植物科占优势，蕨类植物和裸子植物科比较贫乏，说明自然环境对植物多样性有深刻的影响。保护区维管植物属的区系组成中，单种属69属，寡种属（含2～5种）42属，多种属（含6～9种）6属，分别占保护区总属数的58.97%、35.90%和5.13%，单种属和寡种属包含有较多的残遗属和新建属；属以盐生、旱生植物占优势的属为主，具有趋向于适应盐生、旱生环境方向演化的特点。属的分布区类型归纳为12个分布区类型和10个变型；北方温带成分和古地中海成分决定了安南坝保护区维管植物区系的温带性质，大量的古地中海成分的残留证明了本区环境趋于干旱和盐碱化；多种区系成分的并存和区系成分间紧密或不紧密的联系，使本区植物区系同时具有原始性、古老性、年轻性，区系成分具有来源的多元性和联系的广泛性。

保护区境内分布有列入《中国珍稀濒危植物名录》（国家林业局，2010年12月）的国家Ⅰ级重点保护野生植物肉苁蓉（*Cistanche deserticola*），国家Ⅱ级重点保护野生植物裸果木（*Gymnocarpos przewalskii*），国家Ⅲ级重点保护野生植物梭梭（*Haloxylon ammodendron*）和胡杨（*Populus euphratica*）；列入《野生药材资源保护管理条例》（国务院，1987年10月）的二级保护中草药有甘草（*Glycyrrhiza uralensis*）、胀果甘草（*Glycyrrhiza inflata*），三级保护的有肉苁蓉、秦艽（*Gentiana dahurica*）。

根据甘肃植被区划，安南坝保护区属于祁连山山地植被区域的西祁连山—东阿尔金山山地草原荒漠植被区、西祁连山—东阿尔金山山地荒漠植被小区。保护区主要有阔叶林、草原、荒漠、灌丛和草甸5个植被类型组，温带阔叶林、温带荒漠草原、高寒草原、温带灌丛和盐化草甸等8个植被型22个群系。

1.5.2 脊椎动物多样性

安南坝保护区地处温带干旱气候区，典型的大陆性气候，在中国动物地理区划上，安南坝保护区动物属于古北界，中亚亚界，蒙新区，西部荒漠亚区。动物生态地理类型属于荒漠动物类群。脊椎动物区系的典型特征是缺少鱼类和两栖类；高山地带的动物区系更接近青藏高原区；低海拔地区更接近蒙新区西部荒漠亚区，尤其以野骆驼为代表。

保护区共有野生脊椎动物216种，隶属22目55科130属，占甘肃省脊椎动物825种的26.18%。其中，本保护区有爬行动物10种，隶属2目6科7属，全部为古北界物种，占甘肃省爬行动物总种数的17.54%；有鸟类13目33科83属150种，鸟类占本保护区的总种数的69.44%，占甘肃省鸟类总种数的31.32%；有兽类7目16科40属56种，占甘肃省兽类总种数的34.36%。在这些陆生脊椎动物中，有东洋界9种，古北界170种，广布37种，分别占保护区脊椎动物总种数的4.17%、78.7%和17.13%。脊椎动物地理成分以古北界为主，占有明显优势。种的地理成分多样，主要由北方的分布类型所组成。在北方的分布类型中，中亚荒漠型成分（45种）占主导地位，包括8种爬行类、22种兽类、15种鸟类，这种特点在爬行类和兽类中均得到充分体现，也反映了这些动物对荒漠和高寒条件的适应。

安南坝保护区内分布有国家重点保护脊椎动物48种。其中，国家Ⅰ级重点保护物种14种，占总种数的6.48%；Ⅱ级重点保护物种34种，占总种数的15.74%。其中，Ⅰ级保护鸟类8种，即金雕、白肩雕、白尾海雕、胡兀鹫、黑颈鹤等，Ⅰ级保护兽类6种，即雪豹、野骆驼、藏野驴、豹、西藏盘羊和荒漠猫；Ⅱ级保护鸟类22种，如高山兀鹫、喜马拉雅雪鸡等，Ⅱ级保护兽类11种，如猞猁、棕熊、赤狐等。Ⅱ级保护爬行类仅东方沙蟒1种。保护区内也分布有甘肃省省级重点保护脊椎动物2种，即鸟类的大白鹭和渡鸦。保护区内还分布15种中国特有动物。其中，鸟类有特有动物7种，集中在雀形目的鹟科、雀科等5个科内；兽类有特有动物7种，分布在兔形目等4目5科内；爬行类仅有特有动物1种，即青海沙蜥。

1.6 社会经济概况

1.6.1 区域位置

阿克塞哈萨克族自治县处于柴达木盆地荒漠与河西走廊荒漠包围之中，地形呈狭长状，以当金山口为界，西部有阿尔金山脉横贯，东部有祁连山地的党河南山、赛什腾山、吐尔根达坂山等山脉，均呈西北-东南走向分布。阿克塞县隶属于甘肃省酒泉市，地处甘肃、青海、新疆三省（区）交汇处，是甘肃省唯一一个以哈萨克族为主体的少数民族自治县，也是中华人民共和国3个哈萨克族自治县之一，总面积3.14万km²。

1.6.2 区划与人口

截至2019年，阿克塞县辖阿克旗乡、阿勒腾乡、阿伊纳乡3乡和红柳湾镇1镇，共11个行政村。阿克塞县生活着哈萨克、汉、回、蒙、维吾尔、撒拉、藏族等12个民族。全县常住人口1.09万人，户籍人口9415人。其中，哈萨克族3234人，约占全县总人口的34%。

1.6.3 保护区行政区域

安南坝保护区所在行政区域隶属甘肃省酒泉市阿克塞哈萨克族自治县，境内有1个乡（阿克旗乡），下辖2个牧业村（冬格列克、安南坝），现有农牧民160户482人（常住居民41户160人；119户搬居县城），其中55户牧民有3.6万只（头、匹、峰）牲畜，经营收入以牧业为主。

1.6.4 地方经济情况

截至2019年年底，全县完成国内生产总值10.22亿元，其中，第一产业增加值8593万元，第二产业增加值3.13亿元，第三产业增加值6.23亿元；工农业总产值7.69亿元，完成固定资产投资19.91亿元；社会消费品零售总额2.48亿元，城镇居民人均可支配收入达到41467元，农村居民人均纯收入达到29163元。

1.6.5 保护区土地现状与利用结构

安南坝保护区国土总面积396000hm^2,全区林地面积133976.72hm^2,占全区国土总面积的33.83%（其中灌木林地面积81037.44hm^2、未成林造林地面积3.34hm^2、无立木林地35928.75hm^2,宜林地面积17007.19hm^2）；非林地面积262023.28hm^2,占全区国土总面积的66.17%（其中未利用地252305.36hm^2、城乡居民建设用地45.74hm^2、交通建设用地657.37hm^2、其他用地（废弃房屋、羊房子）18.03hm^2、牧草地8933.94hm^2、耕地62.84hm^2）。

第二章 野生动物资源概况

安南坝保护区地处温带干旱气候区的阿尔金山北麓荒漠区，阿尔金山构造运动大致造就了保护区的高山、中山、倾斜平原和荒漠地貌。保护区内南高北低，区内海拔1620～4810m，垂直高差达3000m。境内戈壁面积最大，是阿尔金山山前冲积洪积砾石戈壁平原，从海拔2800m下泄至海拔1620m。安南坝保护区气候为典型的大陆性气候，气候干旱，冬季严寒，夏季酷热，风沙多；而且保护区内河流少、河水盐度高。特殊的地理位置和严酷的生态环境孕育了典型的荒漠脊椎动物多样性，因此，深刻了解与认识该保护区内的重点保护野生动物无疑具有十分重要的理论意义和实践意义。

2.1 研究简史

安南坝保护区所在区域的动物研究文献零散地分布在以往的历史调查资料中。据史料记载，从西周时期至清末民国初期，人类活动频繁在中原通往新疆乃至中亚、南亚、欧洲的旅途上，留下许多与动物有关的文献资料。早在2000年前的汉代，阿克塞地区的游牧民族对这一地区的野骆驼就有所了解，以岩画的形式刻于石壁上，至今保留在阿克塞县红柳湾镇大坝图村的青崖子沟岩画上，还可以见到形象逼真的野骆驼图画。

从13世纪70年代至20世纪初，马可·波罗、Przhevalsky、Sven Hedin、Stein等为代表的国外考古探险家，对中国西部包括保护区周边的罗布泊等地进行了数十次地理考察，收集了大量鸟兽标本。1883～1885年，Przhevalsky带领的沙俄中亚探险队从柴达木盆地出党金山口，经今阿克塞、肃北地界采集生物标本。1893～1895年，1899年，Kozlov和

Bianchi带领的沙俄中亚探险队从敦煌进阿尔金山和西祁连山,以采集动物标本为主。

　　1931年,中瑞生物考察队在阿克塞五个泉子及邻近地区党河流域发现渐新世动物群。新中国成立后,中国科学院青海甘清考察队生物资源分队动物组于1958~1960年进行甘、青海动物考察时到过党金山口并采集标本。1974~1976年,甘肃珍稀动物调查队在保护区所在地首次发现有野骆驼分布,并调查了数量,其结果由陈钧（1984）发表。20世纪80年代初期甘肃地质队在地质科学考察时,在阿克塞东南哈尔腾河中游红崖子发现第三纪中新至上新世的三趾马动物群,80年代中期兰州大学考古队进一步发掘。以上这些化石点的发现对研究青藏高原的隆升,动物区系演变以及保护区的动物区系演变都有科学价值。

　　20世纪90年代后,国内外专家学者密切关注野骆驼的分布、数量及生存状况,由此围绕安南坝保护区及周边阿尔金山、罗布泊野骆驼的考察活动增加,从地方政府到自然保护区管理局,从科研院所到中外基金会进行了10多次的野骆驼科考,积累了大量的有关野骆驼种群数量、分布及伴生物种的有关数据。1995~1999年,联合国环境规划署官员海尔与新疆环境保护研究所袁国映等合作,4次组织考察队,6次进入罗布泊无人区及相关地区。1997年始,美国的Richard B. Harris博士对阿克塞境内的盘羊等有蹄类进行了7年的研究。2000年,阿克塞县林业局与兰州大学合作,进行了安南坝保护区的综合科学考察,记录脊椎动物121种,国家重点保护动物28种。2000年前后国家启动了第一次全国野生动物常规调查,对含保护区所在的荒漠区域进行了动物调查。2002年12月,鄯善县委、县政府的15人考察队在保护区毗邻的罗布泊北戈壁腹地进行野骆驼调查。2005年10月,国际野骆驼保护基金会和新疆罗布泊野骆驼自然保护区管理中心组织,在阿尔金山、库姆苏进行了中、英、蒙三国罗布泊野骆驼考察。2007~2009年,中国林业科学院与中国科学院兰州寒区旱区环境与工程研究所等单位组织了库姆塔格沙漠综合科学考察,记录了该区域兽类41种,鸟类67种,两栖类2种,爬行类14种。2010年罗布泊保护区管理局主持,对安南坝保护区毗邻的罗布泊保护区进行了综合科学考察。2011年,中国林科院主持,对保护区所在的库姆塔格沙漠及塔克拉玛干沙漠进行了"中蒙野骆驼种群数量和迁徙规律"的研究。2014年,阿克塞林业局阿利·阿布塔里普出版《甘肃西部陆生脊椎动物志》,记录了阿克塞县所在区域的400种动物。2015~2018年,西北农林科技大学主持,对含保护区所在区域进行了"中国野骆驼资源"专项调查。

本次进行的野生动物资源调查,是在总结前人研究的基础上开展的;本次调查充分掌握了安南坝保护区动物种类及分布,与兰州大学等(2002)编制的保护区综合考察动物名录比较,新增野生动物96种,包括兽类15种、鸟类78种和爬行类3种,为保护区的管理和规划提供了科学依据。

2.2 调查内容

对安南坝保护区野生动物资源调查包括兽类、鸟类、爬行类、两栖类和鱼类,以主要保护对象、珍稀濒危及国家重点保护野生动物为调查重点。调查指标主要包括动物地理区系、种类组成、分布、生境状况等,以及编制野生动物名录。

2.3 调查方法

野生动物资源调查根据国家林业局《全国第二次陆生野生动物资源调查技术规程》,采用现地调查为主,结合查阅历史资料、访问调查等方法进行。调查区域内的动物资源状况和重点保护动物的分布,以查阅中国动物志、地方动物志等为基础,进行现地踏查核实。对区内野生动物资源情况,采用布设样线进行实地调查,同时走访当地居民和长期从事野生动物保护管理的相关人员,确定野生动物种类、分布和活动规律,基本查清了安南坝保护区境内的野生脊椎动物情况。

2.3.1 查阅文献资料

查阅以往的调查资料,主要参考资料包括《甘肃脊椎动物志》《甘肃省志·林业志》《甘肃西部陆生脊椎动物志》《中国鸟类野外手册》《中国兽类图鉴》和《中国西北地区脊椎动物系统检索与分布》《中国动物志》《中国动物地理》《甘肃安南坝野骆驼国家级自然保护区综合科学考察报告(2002)》等书籍,以及近30年所发表的论文。该方法主要适合鱼类、两栖、爬行和部分鸟类、兽类物种资源调查,以便获得保护区内脊椎动物的基本组成情况、了解动物的区系组成。

2.3.2 走访调查

通过走访保护区范围内及其周边附近的牧民,了解他们近30年所掌握的信息,通过对照动物图鉴核实牧民曾经所见动物种类、数量、时间、地点等信息。该方法主要针对爬行类、鸟类和兽类物种资源的调查。

2.3.3 实地调查

脊椎动物物种的形态、生态习性、活动规律有明显差异，因此根据不同类群，采用相适应的方法进行调查，具体如下：

（1）两栖动物调查

采用样方法和样线法进行调查，调查季节应为出蛰后的1~5个月内，调查时间为晚上（日落前0.5小时至日落后4小时）。同时采集不同生活史阶段的个体进行后期鉴定，种群相对数量以其在采获标本中所占比重近似表示。在野外实地考察时主要选取林地、草丛、灌丛等。

样线法：溪流型两栖动物调查宜使用样线法。沿溪流随机布设样线，沿样线行进，仔细搜索样线两侧的两栖动物，发现动物时，记录动物名称、数量、距离样线中线的垂直距离、地理位置、影像等信息，同时记录样线调查的行进航迹。仅对成体进行计数。样线上行进的速度根据调查工具确定，步行宜为每小时1~2km。不宜使用摩托车等噪音较大交通工具进行调查。

样方法：非溪流型两栖动物调查宜使用样方法。在调查样区确定两栖动物的栖息地，在栖息地上随机布设8m×8m样方。至少四人同时从样方四边向样方中心行进，仔细搜索并记录发现的动物名称、数量、影像等。仅对成体进行计数。

（2）爬行动物调查

采用样方法和样线法进行调查。爬行动物调查季节应为出蛰后的1~5个月内，调查时间根据动物种类及习性确定。

样线法：在爬行动物栖息地随机布设样线，调查人员在样线上行进，发现动物时，记录动物名称、数量、距离样线中线的垂直距离、地理位置、影像等信。样线上行进的速度根据调查工具确定，步行宜为每小时1~2km。不宜使用摩托车等噪音较大的交通工具进行调查。同时记录样线调查的行进航迹。

样方法：在爬行动物栖息地随机布设50m×100m的样方，仔细搜索并记录发现的动物名称、数量、影像等信息。

（3）鸟类调查

中、大型鸟类调查主要以野外直接计数法、样线调查法来完成，部分猛禽调查采用问询法完成。应分繁殖期和越冬期分别进行鸟类数量调查。繁殖期和越冬期调查都应在大多数种类的种群数量相对稳定的时期内进行。一般繁殖期为每年的4月至7月，越冬期为12月至翌年2月。调查应在晴朗、风力不大（三级以下风力）的天气条件下进行。调查应在清晨或傍晚鸟类活动高峰期进行。

样线法：样线上行进的速度根据调查工具确定，步行宜为每小时1~2km。不宜使用摩托车等噪音较大的交通工具进行调查。发现动物时，记录动物名称、动物数量、距离样线中线的垂直距离、地理位置、影像等信息，同时记录样线调查的行进航迹。

样点法：小型鸟类调查宜使用样点法。在调查样区设置一定数量的样点，样点设置应不违背随机原则，样点数量应有效地估计大多数鸟类的密度。样点半径的设置应使调查人员能发现观测范围内的野生动物。在森林、灌丛内设置的样点半径不大于25m，在开阔地设置的样点半径不大于50m。样点间距不少于200m。到达样点后，宜安静休息5分钟后，以调查人员所在地为样点中心，观察并记录四周发现的动物名称、数量、距离样点中心距离、影像等信息，每个样点的计数时间为10分钟。每个动物只记录一次，明知是飞出又飞回的鸟不进行计数。

直接计数法：对于集群繁殖或栖息的鸟类宜使用直接计数法进行调查。首先通过访问调查、历史资料等确定鸟类集群时间、地点、范围等信息，并在地图上标出。在鸟类集群时进行调查，计数鸟类数量。记录集群地的位置、鸟类的种类、数量、影像等信息。

（4）兽类调查

中、大型兽类调查主要以红外相机陷阱法、野外直接计数法、样线调查法来完成，部分猛禽、猛兽的调查采用问询法完成；对小型兽类主要采用样地内铗日法完成。并结合相关资料确定区系组成，其相对数量用路线法确定。

红外相机陷阱法：在水源地安置红外相机，每3个月取回一次SD卡，主要记录动物种类、数量和活动时间。

样线法：样线上行进的速度根据调查工具确定，步行宜为每小时1~2km。不宜使用摩托车等噪音较大的交通工具进行调查。发现动物实体或其痕迹时，记录动物名称、数量、痕迹种类、痕迹数量及距离样线中线的垂直距离、地理位置、影像等信息。同时记录样线调查的行进航迹。

直接计数法：对于大规模集群繁殖或栖息的兽类宜使用直接计数法进行调查。首先通过访问调查、历史资料等确定动物集群时间、地点、范围，并在地图上标出。在动物集群期间进行调查，记录集群地位置、动物种类、数量、影像等信息。

（5）样线具体设置

在实地调查中，需要设置调查样线。野外调查路线主要以保护区内的便道为基础，对整个保护区动物多样性进行实地调查。在调查区域布设样线20条，样线长度为5~50km，宽度为50m。主要路线为赛马沟、苦水河、黄羊沟、东格列克、斯木图等。沿途观察、记录所见两栖类、爬行类、鸟类、兽类的种类、数量、生境、经纬度及海拔高度。部分样线末端抵达区域边界，从而使得所有样线基本上均匀覆盖整个保护区区域范围，同时对所关注区域进行重点调查，景观涉及沙漠、戈壁、河谷、高山。

2.4 脊椎动物基本组成

根据调查和统计，甘肃安南坝保护区共有野生脊椎动物216种，隶属22目55科130属，占甘肃省脊椎动物825种（未含本次2个新分布种）的26.18%（王香亭，1991）。保护区没有调查到鱼类和两栖类（见表2-1）。

表2-1 甘肃安南坝野骆驼国家级自然保护区脊椎动物组成概况

类别	甘肃				保护区				占保护区种数比/%	占甘肃种数比/%
	目	科	属	种	目	科	属	种		
鱼类	6	12	64	102	0	0	0	0	—	—
两栖类	2	9	12	24	0	0	0	0	—	—
爬行类	3	9	31	57	2	6	7	10	4.63	17.54
鸟类	17	54	218	479	13	33	83	150	69.44	31.32
兽类	8	27	98	163	7	16	40	56	25.93	34.36
总计	36	111	423	825	22	55	130	216	100	26.18

2.5 重点保护脊椎动物组成

安南坝保护区内分布有国家重点保护脊椎动物48种。其中，国家I级重点保护物种14种，占总种数的6.48%；II级重点保护物种34种，占总种数的15.74%。其中，I级保护鸟类8种，即金雕、白肩雕、白尾海雕、胡兀鹫、黑颈鹤等，I级保护兽类6种，即雪豹、野骆驼、藏野驴、豺、西藏盘羊和荒漠猫；II级保护鸟类22种，如高山兀鹫、喜马拉雅雪鸡等，II级保护兽类11种，如猞猁、棕熊、赤狐等；II级保护爬行类仅东方沙蟒1种。保护区内也分布有甘肃省省级重点保护脊椎动物2种，即鸟类的大白鹭、渡鸦，而原省级重点保护兽类的赤狐和沙狐升级为国家II级保护动物（表2-2）。

表2-2 甘肃安南坝野骆驼国家级自然保护区重点保护脊椎动物概况

	物种	保护等级	物种	保护等级
鸟类	金雕 *Aquila chrysaetos*	I	黑鸢 *Milvus migrans*	II
	白肩雕 *Aquila heliaca*	I	红隼 *Falco tinnunculus*	II
	白尾海雕 *Haliaeetus albicilla*	I	灰背隼 *Falco columbarius*	II
	胡兀鹫 *Gypaetus barbatus*	I	燕隼 *Falco subbuteo*	II
	黑颈鹤 *Grus nigricollis*	I	大天鹅 *Cygnus Cygnus*	II
	秃鹫 *Aegypius monachus*	I	喜马拉雅雪鸡 *Tetraogallus himalayensis*	II
	猎隼 *Falco cherrug*	I	藏雪鸡 *Tetraogallus tibetanus*	II
	草原雕 *Aquila nipalensis*	I	雕鸮 *Bubo bubo*	II
	高山兀鹫 *Gyps himalayensis*	II	长耳鸮 *Asio otus*	II
	雀鹰 *Accipiter nisus*	II	纵纹腹小鸮 *Athene noctua*	II
	苍鹰 *Accipiter gentilis*	II	短耳鸮 *Asio flammeus*	II
	棕尾鵟 *Buteo rufinus*	II	云雀 *Alauda arvensis*	II
	普通鵟 *Buteo buteo*	II	白眉山雀 *Parus superciliosus*	II
	白尾鹞 *Circus cyaneus*	II	黑尾地鸦 *Podoces hendersoni*	II
	大鵟 *Buteo hemilasius*	II	红交嘴雀 *Loxia curvirostra*	II
	大白鹭 *Egretta alba*	SZ	渡鸦 *Corvus corax*	SZ
兽类	雪豹 *Uncia uncia*	I	猞猁 *Lynx lynx*	II
	野骆驼 *Camelus ferus*	I	兔狲 *Otocolobus manul*	II
	藏野驴 *Equus kiang*	I	鹅喉羚 *Gazella subgutturosa*	II
	豺 *Cuon alpinus*	I	棕熊 *Ursus arctos*	II
	荒漠猫 *Felis bieti*	I	岩羊 *Pseudois nayaur*	II
	西藏盘羊 *Ovis hodgsoni*	I	赤狐 *Vulpes vulpes*	II
	藏狐 *Vulpes ferrilata*	II	狼 *Canis lupus*	II
	石貂 *Martes foina*	II	沙狐 *Vulpes corsac*	II
	草原斑猫 *Felis silvestris*	II		
爬行类	东方沙蟒 *Eryx tataricus*	II		

注：SZ代表甘肃省重点动物

2.6 中国特有脊椎动物组成

安南坝保护区内分布15种中国特有动物。其中，中国特有鸟类1目5科7种，集中在雀形目的鸦科、雀科等5个科内，占中国鸟类特有种76种的（郑光美，2011）的9.21%，占保护区内鸟类总种数的4.67%。兽类有特有动物7种，分布在兔形目等4目5科内，占保护区内兽类总种数的12.5%；爬行类仅有特有动物1种，即青海沙蜥（见表2-3）。

表2-3 甘肃安南坝野骆驼国家级自然保护区分布的中国特有动物概况

目	科	种
雀形目	鸫科	棕背黑头鸫 *Turdus kessleri*
	雀科	棕颈雪雀 *Pyrgilauda ruficollis*
		白腰雪雀 *Onychostruthus taczanowskii*
	扇尾莺科	山鹛 *Rhopophilus pekinensis*
	山雀科	白眉山雀 *Parus superciliosus*
		地山雀 *Pseudopodoces humilis*
	鸦科	黑尾地鸦 *Podoces hendersoni*
啮齿目	仓鼠科	藏仓鼠 *Cricetulus kamensis*
	鼹形鼠科	中华鼢鼠 *Eospalax fontanierii*
兔形目	鼠兔科	红耳鼠兔 *Ochotona erythrotis*
		川西鼠兔 *Ochotona gloveri*
		狭颅鼠兔 *Ochotona thomasi*
食肉目	猫科	荒漠猫 *Felis bieti*
偶蹄目	牛科	西藏盘羊 *Ovis hodgsoni*
蜥蜴目	鬣蜥科	青海沙蜥 *Phrynocephalus vlangalii*

2.7 脊椎动物区系特征

根据地理区系成分分析，本区脊椎动物区系有以下几个特征：

2.7.1 保护区动物以古北界成分占主导地位

保护区地处温带干旱气候区，典型的大陆性气候，动物区划为古北界，中亚亚界，蒙新区，西部荒漠亚区，罗布泊省，动物生态地理类型属于荒漠动物群。在216种脊椎动物中，有东洋界9种、古北界170种、广布37种，分别占保护区脊椎动物总种数的4.17%、78.7%和17.13%。脊椎动物地理成分中古北界占有明显优势，其中爬行动物全部为古北界物种，鸟类为115种，兽类45种（见表2-4）。

表2-4 甘肃安南坝野骆驼国家级自然保护区脊椎动物种类分布型概况

类群	种数	东洋界		古北界		广布种	
		种数	比例/%	种数	比例/%	种数	比例/%
爬行类	10	0	0	10	100	0	0
鸟类	150	8	5.33	115	76.67	27	18
兽类	56	1	1.8	45	80.4	10	17.8
总计	216	9	4.17	170	78.7	37	17.13

2.7.2 种的地理成分多样，中亚荒漠型成分占有优势

安南坝保护区种的地理成分多样，既有北方型、东北型和高地型，也有东洋型、横断山脉—喜马拉雅型和南中国型等。其中北方分布类型最多，为古北型、全北型、东北型、东北—华北型、蒙古高原型、中亚型、高地型、季风型8种分布型，包括10种爬行类、49种兽类和100种鸟类。在北方的分布类型中，中亚荒漠型成分（45种）占主导地位，包括8种爬行类、22种兽类、15种鸟类，这种特点在爬行类和兽类中均得到充分体现，反映了这些动物对荒漠和高寒条件的适应（见表3-1、表4-1、表5-1）。

2.7.3 国家重点珍稀保护物种众多，科研价值较高

安南坝保护区地处阿尔金山北麓，周边与新疆罗布泊、甘肃西湖等自然保护区接壤，它是野骆驼、藏野驴、雪豹、胡兀鹫等珍稀物种的天然栖息地，并对减轻周边自然保护区野生动物保护压力起到明显的缓冲作用。

保护区内分布有15种中国特有动物和国家重点保护脊椎动物48种。其中，国家I级重点保护物种14种，II级重点保护物种34种。本区最具代表性的动物有野骆驼、雪豹、藏野驴、喜马拉雅雪鸡。本区不仅是珍稀物种遗传多样性保育的天然基因库，而且是进行动物与环境相互关系作用规律、植被恢复与动物种群消长规律等研究的理想场所。

2.8 保护区脊椎动物资源变化分析

本次调查和统计，安南坝保护区共有野生脊椎动物216种，与兰州大学等（2002）编制的安南坝保护区综合科学考察动物名录比较，新增加物种96种，其中，兽类15种、鸟类78种、爬行类3种；同时，本次调查减少兽类1种。

2.8.1 兽类资源变化

安南坝保护区内共有兽类7目16科40属56种，占甘肃省兽类总种数的34.36%（王香亭，1991），占全国兽类总种数（670种）的8.32%（蒋志刚 等，2015），占保护区内动物总种数的25.93%。2002年兰州大学、阿克塞县林业局组织考察队调查表明，保护区境内共有兽类7目15科42种。与其兽类名录比较，本次新增加东北刺猬 *Erinaceus amurensis*、普通蝙蝠 *Vespertilio murinus*、大林姬鼠 *Apodemus peninsulae*、柽柳沙鼠 *Meriones tamariscinus*、红尾沙鼠 *Meriones libycus*、五趾心颅跳鼠 *Cardiocranius paradoxus*、川西鼠兔 *Ochotona gloveri*、藏鼠兔 *Ochotona thibetana*、黑唇（高原）鼠兔 *Ochotona curzoniae*、赤狐 *Vulpes vulpes*、藏狐 *Vulpes ferrilata*、黄鼬 *Mustela sibirica*、香

鼬 *Mustela altaica*、荒漠猫 *Felis bieti*、草原斑猫 *Felis silvestris* 15种，减少了青藏高原特有种藏原羚 *Procapra picticaudata* 1种；藏原羚主要在哈尔腾等高海拔开阔的草原上活动，本次调查在安南坝保护区境内没有发现。

2.8.2 鸟类资源变化

安南坝保护区内共有鸟类150种，隶属于13目33科83属。鸟类占本保护区动物总种数的69.44%，占甘肃省鸟类总种数的31.32%（王香亭，1991），占中国鸟类1371种（郑光美，2011）的10.94%。根据居留类型，保护区有留鸟73种、夏候鸟62种、迷鸟1种、旅鸟14种。与兰州大学等（2002）编制的保护区综合考察动物名录比较，本次新增鸟类78种（10目26科），其中非雀形目鸟类22种，雀形目鸟类56种（见表2-5）。

表2-5 甘肃安南坝野骆驼国家级自然保护区调查新增鸟类名录

Ⅰ 鹳形目 CICONIIFORMES	
1.鹭科 **Ardeidae**	
大白鹭 *Egretta alba*	
Ⅱ 雁形目 **ANSERIFORMES**	
2.鸭科 **Anatidae**	
大天鹅 *Cygnus Cygnus*	赤麻鸭 *Tadorna ferruginea*
绿头鸭 *Anas platyrhynchos*	赤膀鸭 *Anas strepera*
Ⅲ 隼形目 **FALCONIFORMES**	
3.鹰科 **Accipitridae**	
白尾鹞 *Circus cyaneus*	苍鹰 *Accipiter gentilis*
雀鹰 *Accipiter nisus*	普通鵟 *Buteo buteo*
4.隼科 **Falconidae**	
灰背隼 *Falco columbarius*	
Ⅳ 鹤形目 **GRUIFORMES**	
5.秧鸡科 **Rallidae**	
小田鸡 *Porzana pusilla*	
Ⅴ 鸻形目 **CHARADRIIFORMES**	
6.鸻科 **Charadriidae**	
环颈鸻 *Charadrius alexandrinus*	
7.鹬科 **Scolopacidae**	
矶鹬 *Actitis hypoleucos*	
Ⅵ 鸽形目 **COLUMBIFORMES**	
8.鸠鸽科 **Columbidae**	
灰斑鸠 *Streptopelia decaocto*	原鸽 *Columba livia*
欧斑鸠 *Streptopelia turtur*	珠颈斑鸠 *Streptopelia chinensis*

续表

Ⅶ鹃形目 CUCULIFORMES	
9.杜鹃科 Cuculidae	
东方中杜鹃 *Cuculus optatus*	
Ⅷ鸮形目 STRIGIFORMES	
10.鸱鸮科 Strigidae	
长耳鸮 *Asio otus*	短耳鸮 *Asio flammeus*
Ⅸ雨燕目 APODIFORMES	
11.雨燕科 Apodidae	
白腰雨燕 *Apus pacificus*	普通雨燕 *Apus apus*
Ⅹ雀形目 PASSERIFORMES	
12.百灵科 Alaudidae	
凤头百灵 *Galerida cristata*	小云雀 *Alauda gulgula*
13.燕科 Hirundinidae	
金腰燕 *Hirundo daurica*	岩燕 *Ptyonoprogne rupestris*
烟腹毛脚燕 *Delichon dasypus*	崖沙燕 *Riparia riparia*
14.鹡鸰科 Motacillidae	
日本鹡鸰 *Motacilla grandis*	田鹨 *Anthus richardi*
15.伯劳科 Laniidae	
楔尾伯劳 *Lanius sphenocercus*	灰背伯劳 *Lanius tephronotus*
灰伯劳 *Lanius excubitor*	
16.鸦科 Corvidae	
达乌里寒鸦 *Corvus dauuricus*	大嘴乌鸦 *Corvus macrorhynchos*
小嘴乌鸦 *Corvus corone*	渡鸦 *Corvus corax*
17.岩鹨科 Prunellidae	
黑喉岩鹨 *Prunella atrogularis*	鸲岩鹨 *Prunella rubeculoides*
18. 鸫科 Turdidae	
黑喉红尾鸲 *Phoenicurus hodgsoni*	白背矶鸫 *Monticola saxatilis*
北红尾鸲 *Phoenicurus auroreus*	虎斑地鸫 *Zoothera dauma*
蓝额红尾鸲 *Phoenicurus frontalis*	白眉鸫 *Turdus obscurus*
白腹短翅鸲 *Hodgsonius phoenicuroides*	黑胸鸫 *Turdus dissimilis*
白顶䳭 *Oenanthe hispanica*	黑颈鸫 *Turdus atrogularis*
棕背黑头鸫 *Turdus kessleri* *	红尾鸫 *Turdus naumanni*
槲鸫 *Turdus viscivorus*	斑鸫 *Turdus eunomus*
灰头鸫 *Turdus rubrocanus*	
19.鹟科 Muscicapidae	
斑鹟 *Muscicapa striata*	
20.扇尾莺科 Cisticolidae	
山鹛 *Rhopophilus pekinensis* *	

续表

21.莺科 Sylviidae	
白喉莺 *Sylvia curruca blythi*	褐柳莺 *Phylloscopus fuscatus*
斑胸短翅莺 *Bradypterus thoracicus*	
22.攀雀科 Remizidae	
攀雀 *Remiz consobrinus*	
23.文须雀科 Panuridae	
文须雀 *Panurus biarmicus*	
24.雀科 Passeridae	
山麻雀 *Passer rutilans*	白腰雪雀 *Onychostruthus taczanowskii**
家麻雀 *Passer domesticus*	褐翅雪雀 *Montifringilla adams*
棕颈雪雀 *Pyrgilauda ruficollis*	白斑翅雪雀 *Montifringilla nivalis*
25.燕雀科 Fringillidae	
燕雀 *Fringilla montifringilla*	黄雀 *Carduelis spinus*
普通朱雀 *Carpodacus erythrinus*	锡嘴雀 *Coccothraustes coccothraustes*
白眉朱雀 *Carpodacus dubius*	白斑翅拟蜡嘴雀 *Mycerobas carnipes*
拟大朱雀 *Carpodacus rubicilloides*	巨嘴沙雀 *Rhodospiza obsoleta*
红交嘴雀 *Loxia curvirostra*	
26.鹀科 Emberizidae	
三道眉草鹀 *Emberiza cioides*	芦鹀 *Emberiza Schoeniclus*

2.8.3 爬行动物资源变化

本保护区有爬行动物10种，隶属2目6科7属，占甘肃省爬行动物总种数的17.54%（王香亭，1991）。与兰州大学等（2002）编制的保护区综合考察动物名录比较，本次新增爬行类3种，即西域沙虎 *Teratoscincus przewalskii*、变色沙蜥 *Phrynocephalus versicolor*和白条锦蛇 *Elaphe dione*。

2.8.4 国家重点保护动物变化

与兰州大学等（2002）编制的保护区综合考察动物名录比较，本次新增国家Ⅱ级保护动物18种，主要是调查新增加的物种以及2021年国家重点保护名录调整，包括大天鹅 *Cygnus Cygnus*、白尾鹞 *Circus cyaneus*、雀鹰 *Accipiter nisus*、苍鹰 *Accipiter gentilis*、普通鵟 *Buteo buteo*、灰背隼 *Falco columbarius*、长耳鸮 *Asio otus*、短耳鸮 *Asio flammeus* 等鸟类和荒漠猫 *Felis bieti*、草原斑猫 *Felis silvestris* 等兽类。减少了国家Ⅱ级保护动物藏原羚 *Procapra picticaudata* 1种。

第三章 兽类资源

兽类，又叫哺乳动物，是一类体被毛、体温恒定、哺乳、运动快速、神经系统发达的高等动物。兽类是保护区荒漠生态系统的一个必不可少的组成部分，它们通过改变土壤结构、采食不同植物、传播种子、调节有害动物种群等方面，来影响植被的更新、演替过程，建立和维护荒漠生态系统的健康。安南坝兽类以小型的鼠类和鼠兔类为主，它们的种群数量最为丰富并具有明显的垂直分布特点；中大型兽类则表现为种类、数量均比较少这种特点，特别是食肉动物处于食物链的顶端，个体活动范围更大而数量更少。

近几年来，安南坝保护区周边的甘肃、新疆的自然保护区对各辖区内生物资源多样性进行了翔实调查和研究，这对研究安南坝保护区兽类的区系、分类、生态和资源特征具有重要的参考价值。西北农林科技大学脊椎动物课题组于2017～2019年对安南坝保护区范围内的哺乳动物资源进行了走访和实地调查，在参考前人工作的基础上，对安南坝保护区兽类资源进行概括和总结。

3.1 区系组成

安南坝保护区内共有兽类7目16科40属56种（表3-1），占全国兽类总种数（673种）的8.32%（蒋志刚等，2015），占保护区内动物总种数的25.93%。其中中国特有种7种，占保护区内兽类总种数的12.5%。

2000～2002年第一次综合科学考察记录了安南坝保护区境内共有兽类7目15科42种，本次调查新增加东北刺猬 *Erinaceus amurensis*、普通蝙蝠 *Vespertilio murinus*、大林姬鼠*Apodemus peninsulae*、柽柳沙鼠 *Meriones tamariscinus*、红尾沙鼠 *Meriones libycus*、五趾心颅跳鼠 *Cardiocranius paradoxus*、川西鼠兔 *Ochotona gloveri*、藏鼠兔 *Ochotona thibetana*、黑唇（高原）鼠兔 *Ochotona curzoniae*、赤狐*Vulpes vulpes*、藏狐 *Vulpes ferrilata*、黄鼬*Mustela sibirica*、香鼬*Mustela altaica*、荒漠猫 *Felis bieti*、草原斑猫 *Felis silvestris* 15种，减少了青藏高原特有种藏原羚*Procapra picticaudata* 1种。藏原羚在安南坝保护区内是否存在值得商榷，阿利·阿布塔里普（2014）认为藏原羚在阿克塞境内分布于哈儿腾地区的高山草甸草原，分布面积也较小。而毗邻的新疆罗布泊保护区在阿尔金山上也未发现（袁国映和张宇，2010），我们在安南坝保护区境内也未发现，因此，本报告暂时将其从名录中剔除。

参考最新的《中国哺乳动物名录》（蒋志刚 等，2015），本次调查和文献整理后的名录也做了调整。首先，提升了一些本保护区内物种的分类地位。根据Groves和Grubb（2011）的分类系统，将盘羊西藏亚种提升为西藏盘羊 *Ovis hodgsoni*。其次，对原来文献中一些物种进行删减和增加。蒋志刚等（2015）从《中国哺乳动物名录》中删去了原来记录有误、中国没有分布的50种哺乳动物，如高原鼢鼠降为中华鼢鼠的一亚种；在中国没有草兔 *Lepus capensis* 分布，在中国分布的是蒙古兔 *Lepus tolai*（Wilson & Reeder，2005）。

表3-1 甘肃安南坝野骆驼国家级自然保护区兽类类型

目、科	种	分布型	区系类型	保护级别	中国生物多样性红色名录
Ⅰ 劳亚食虫目 EULIPOTYPHLA					
1.猬科 Erinaceidae	东北刺猬 *Erinaceus amurensis*	U	古	Sy	
	大耳猬 *Hemiechinus auritus*	D	古	Sy	
Ⅱ 翼手目 CHIROPTERA					
2. 蝙蝠科 Vespertilionidae	褐长耳蝠 *Plecotus auritus*	H	广		
	大棕蝠 *Eptesicus serotinus*	U	古		
	普通蝙蝠 *Vespertilio murinus*	U	古		
Ⅲ 啮齿目 RODENTIA					
3. 松鼠科 Sciuridae	喜马拉雅旱獭 *Marmota himalayana*	P	古		

续表

目、科	种	分布型	区系类型	保护级别	中国生物多样性红色名录
4.仓鼠科 Cricetidae	斯氏高山 *Alticola stoliczkanus*	P	古		NT
	灰仓鼠 *Cricetulus migratorius*	D	古		
	藏仓鼠 *Cricetulus kamensis**	P	东		NT
	小毛足鼠 *Phodopus roborovskii*	D	古		
	长尾仓鼠 *Cricetulus longicaudatus*	D	古		
	黄兔尾鼠 *Lagurus luteus*	D	古		NT
	根田鼠 *Microtus oeconomus*	U	古		
5.鼹型鼠科 Spalacidae	中华鼢鼠 *Eospalax fontanierii**	B	古		DD
6.鼠科 Muridae	小家鼠 *Mus musculus*	U	广		
	大林姬鼠 *Apodemus peninsulae*	X	广		
	褐家鼠 *Rattus norvegicus*	U	广		
	子午沙鼠 *Meriones meridianus*	D	古		
	柽柳沙鼠 *Meriones tamariscinus*	D	古		
	红尾沙鼠 *Meriones libycus*	D	古		
	大沙鼠 *Rhombomys opimus*	D	古		
7.跳鼠科 Dipodidae	五趾跳鼠 *Allactaga sibirica*	D	古		
	三趾跳鼠 *Dipus sagitta*	D	古		
	三趾心颅跳鼠 *Salpingotus kozlovi*	D	古		
	五趾心颅跳鼠 *Cardiocranius paradoxus*	D	古		
	长耳跳鼠 *Euchoreutes naso*	D	古		
IV兔形目LAGOMORPHA					
8.鼠兔科 Ochotonidae	达乌尔鼠兔 *Ochotona daurica*	G	古		
	大耳鼠兔 *Ochotona macrotis*	P	古		

续表

目、科	种	分布型	区系类型	保护级别	中国生物多样性红色名录
8.鼠兔科 Ochotonidae	红耳鼠兔 Ochotona erythrotis*	P	古		
	川西鼠兔 Ochotona gloveri*	P	古		
	狭颅鼠兔 Ochotona thomasi*	P	古		NT
	藏鼠兔 Ochotona thibetana	H	古		
	黑唇鼠兔 Ochotona curzoniae	P	古		
9.兔科 Leporidae	蒙古兔 Lepus tolai	O	广	Sy	
	灰尾兔 Lepus oiostolus	P	古	Sy	
Ⅴ 食肉目 CARNIVORA					
10.犬科 Canidae	赤狐 Vulpes vulpes	C	广	Ⅱ	NT
	藏狐 Vulpes ferrilata	P	古	Ⅱ	NT
	沙狐 Vulpes corsac	D	古	Ⅱ	NT
	狼 Canis lupus	C	广	Ⅱ	NT
	豺 Cuon alpinus	W	广	Ⅰ	EN
11.熊科 Ursidae	棕熊 Ursus arctos	C	古	Ⅱ	VU
12.鼬科 Mustelidae	黄鼬 Mustela sibirica	U	广	Sy	
	艾鼬 Mustela eversmanii	U	古	Sy	VU
	香鼬 Mustela altaica	O	广	Sy	NT
	虎鼬 Vormela peregusna	D	古	Sy	EN
	石貂 Martes foina	U	古	Ⅱ	EN
13.猫科 Felidae	荒漠猫 Felis bieti*	D	古	Ⅰ	CR
	草原斑猫 Felis silvestris	O	古	Ⅱ	EN
	猞猁 Lynx lynx	C	古	Ⅱ	EN
	兔狲 Otocolobus manul	D	古	Ⅱ	EN
	雪豹 Uncia uncia	I	古	Ⅰ	EN
Ⅵ 偶蹄目 ARTIODACTYLA					
14.牛科 Bovidae	西藏盘羊 Ovis hodgsoni*	P	古	Ⅰ	NT
	岩羊 Pseudois nayaur	p	古	Ⅱ	
	鹅喉羚 Gazella subgutturosa	D	古	Ⅱ	VU

续表

目、科	种	分布型	区系类型	保护级别	中国生物多样性红色名录
15.骆驼科 Camelidae	野骆驼 *Camelus ferus*	D	古	I	CR
Ⅶ奇蹄目 ARTIODACTYLA					
16.马科 Equidae	藏野驴 *Equus kiang*	D	古	I	NT

注：①分布型：U，古北型；C，全北型；B，华北型；D，中亚型；X，东北—华北型；G，蒙古高原型；P或I，高地型；H，喜马拉雅-横断山脉型；W，东洋型；O，不易归类型。②保护级别：Ⅰ、Ⅱ分别代表国家Ⅰ级、Ⅱ级重点保护野生动物；Sy，国家保护的有益的或者有重要经济、科学研究价值的陆生野生动物；Sz，甘肃省重点保护野生动物。③野生动物濒危评估等级：CR，极危；EN，濒危；VU，易危；NT，近危；DD，数据缺乏。④ "*" 代表中国特有种。

兽类区系组成特征为：劳亚食虫目Eulipotyphla 1科2种；翼手目Chiroptera 1科3种；啮齿目Rodentia 5科21种；兔形目Lagomorpha 2科9种；食肉目Carnivora 4科16种；偶蹄目Artiodactyla 2科4种；奇蹄目 Artiodacyla 1科1种。食肉目、啮齿目科数最多（共9科），分别占保护区兽类总科数（16科）的25%和31.25%；偶蹄目、兔形目次之，各占保护区兽类总科数的12.5%；其余3目科数均为1科，各占兽类总科数的6.25%（见表3-2）。

表3-2 甘肃安南坝野骆驼国家级自然保护区兽类种群组成

类群分类单元		科		属		种	
		科数	比例/%	属数	比例/%	种数	比例/%
劳亚食虫目	猬科	1	6.25	2	5	2	3.57
翼手目	蝙蝠科	1	6.25	3	7.5	3	5.36
啮齿目	松鼠科 仓鼠科 鼹型鼠科 鼠科 跳鼠科	5	31.25	17	42.5	21	37.5
偶蹄目	牛科 骆驼科	2	12.5	4	10	4	7.14
兔形目	鼠兔科 兔科	2	12.5	2	5	9	16.07
食肉目	犬科 熊科 鼬科 猫科	4	25	11	27.5	16	28.57
奇蹄目	马科	1	6.25	1	2.5	1	1.79
总计		16	100	40	100.0	56	100.00

啮齿目属数和种数最多，分别占保护区兽类总属数和总种数的42.5%和37.5%；食肉目次之，分别占保护区兽类总属数和总种数的27.5%和28.57%；奇蹄目种数最少，属数和种数分别占保护区兽类总属数和总种数的2.5和1.79%（见表3-2）。

3.2 区系特征

安南坝保护区属于西北干旱地区，为古北界，中亚亚界，蒙新区，西部荒漠亚区，罗布泊省。动物生态地理类型属于荒漠动物群。保护区兽类中，堪称为代表的有鹅喉羚、野驴、野骆驼、草原斑猫，以及小型兽类大耳猬、灰仓鼠。本保护区区系特征主要体现在以下几个方面：

3.2.1 古北界成分占明显优势

安南坝保护区是一些干旱荒漠成分比较集中的地带，如跳鼠科、骆驼科等。在保护区中，东洋界兽类1种，占兽类总种数的1.8%；古北界兽类45种，占总种数的80.4%；广布型兽类10种，占总种数的17.8%（见表3-3）。可见，本保护区的兽类区系成分是以古北界物种为主，主要存在于食肉目的猫科，啮齿目的跳鼠科、仓鼠科和松鼠科，兔形目的鼠兔科，劳亚食虫目的猬科，以及偶蹄目的骆驼科和牛科中；广布种主要是食肉目的鼬科与犬科和啮齿目的鼠科类、翼手目的蝙蝠科中。

表3-3 甘肃安南坝野骆驼国家级自然保护区兽类区系分析

目	科	物种数	区系成分种数		
			古北界	东洋界	广布种
劳亚食虫目	猬科	2	2		
翼手目	蝙蝠科	3	2		1
啮齿目	松鼠科	1	1		
	仓鼠科	7	6	1	
	鼹型鼠科	1	1		
	鼠科	7	4		3
	跳鼠科	5	5		
偶蹄目	牛科	3	3		
	骆驼科	1	1		
兔形目	鼠兔科	7	7		
	兔科	2	1		1
食肉目	犬科	5	2		3
	熊科	1	1		
	鼬科	5	3		2
	猫科	5	5		
奇蹄目	马科	1	1		
总计		56	45	1	10

3.2.2 区系成分的多样性

1979年，张荣祖对中国陆生脊椎动物的区系及分布特征的科学划分，为我国动物地理分布型奠定了基础。依照其2002年的动物物种分布型划分方法，本保护区兽类地理区系成分的组成表现为：

1. 科的地理成分以北方分布为主。在本保护区内分布的16科，主要为北方地理成分，典型的代表科是主要分布于古北界的鼠科、古北界特有的跳鼠科，全北界特有的鼠兔科。因此，兽类动物区系中科的组成主要以全北界和古北界为中心的类群为主。

2. 种的地理成分多样，北方多种区系成分汇集。物种分布往往在某一地理区域中相对集中，并与一定的自然地理区域相联系。保护区内兽类资源的区系分布型成分主要包括了古北型、全北型、蒙古高原型、中亚型、高地型以及少数喜马拉雅山—横断山脉型、东洋型等的地理成分（见表3-4）。

① 古北型：本保护区兽类区系中古北型种类共9种，占保护区内兽类总种数的16.07%，包括小家鼠、褐家鼠、黄鼬、大棕蝠等。

② 全北型：本区全北型种类有4种，即棕熊、猞猁、狼和赤狐。

③ 东北—华北型：本保护区代表物种是大林姬鼠1种。

④ 蒙古高原型：本保护区代表物种是达乌尔鼠兔1种。

⑤ 中亚型：本保护区最多的类型，为21种，它们是跳鼠类、沙鼠类等，占保护区内兽类总种数的37.5%。

⑥ 高地型：本区高地型兽类有13种，如5种鼠兔、灰尾兔等，占保护区内兽类总种数的23.21%。

⑦ 华北型：本保护区代表物种是中华鼢鼠1种。

表3-4 甘肃安南坝野骆驼国家级自然保护区内兽类资源地理的区系分布

	种数/种	所占比例/%
古北型（U）	9	16.07
全北型（C）	4	7.14
华北型（B）	1	1.79
东北—华北型（X）	1	1.79
蒙古高原型（G）	1	1.79
中亚型（D）	21	37.5
高地型（P或I）	13	23.21
喜马拉雅山—横断山脉型（H）	2	3.57
东洋型（W）	1	1.79
不易归类型（O）	3	5.36
总计	56	100.0

⑧喜马拉雅山—横断山脉型：保护区内有藏鼠兔和褐长耳蝠2种。

⑨东洋型：保护区内的兽类资源以东洋型物种仅有1种。

⑩不易归类型：保护区内不易归类物种有草原斑猫、香鼬、蒙古兔3种。

综上所述，本保护区兽类区系特点是：北方型物种（50种）占据明显优势；北方型物种中以中亚型为主，古北型、高地型及其他类型的物种并存；南方有喜马拉雅山—横断山脉型和东洋型种类，仅占保护区内兽类总种数的5.36%。

3.3 分布特征

3.3.1 垂直分布

根据海拔高度和植被类型，保护区的兽类可分为高地寒漠动物群、高山草原动物群和荒漠动物群。

高地寒漠动物主要活动于阿尔金山群山，分布海拔高度一般在4100m以上。这一高山带气候严酷，寒冷，风大，终年无夏，高海拔处终年积雪，发育着巨大的冰川。山上因寒冻剥蚀岩石崩塌，形成碎流石带。植被为单纯的垫状植被类型，以甘肃雪灵芝（*Arenaria kansuensis*）、囊种草（*Thylacospermum caespitosum*）、镰芒针茅（*Stipa caucasica*）、小叶金露梅（*Dasiphora parvifolia*）为主，伴生种有垫状驼绒藜（*Krascheninnikovia compacta*）等，覆盖度约15%～25%。这个动物群主要由适应高山裸岩和高山寒漠草甸环境的动物所组成，兽类代表种类有岩羊、盘羊、雪豹，其大多数种类与高山草原动物群交错分布。这一动物群中的一些种类向大型化发展，这符合表面积定律，是对寒冷环境的适应。

高山草原动物群也主要分布于阿尔金山，分布海拔高度2360～4100m，植被在高海拔以矮生嵩草（*Kahresia humilis*）、镰芒针茅为主，伴生种有阿尔泰狗娃花（*Aster altaicus*）、小叶金露梅、少腺爪花芥（*Oreoloma eglandulosum*）、山岭麻黄（*Ephedra gerardiana*），低海拔植被以早熟禾（*Poa annua*）、冰草（*Agopypon cristalum*）、紫花针茅（*Stipa purpurea*）为主，常见种有阿尔泰狗娃花、薹草（*Carex sp.*）、芨芨草（*Achnatherum splendens*），植被盖度普遍较高，实测均在60%以上。这一兽类群有藏野驴、盘羊、喜玛拉雅旱獭、鼠兔。其中藏野驴喜爱在山间谷地活动，盘羊主要活动于较缓的山坡上。喜马拉雅旱獭是典型的高山草原鼠类，偏爱在靠近河道的草地中活动，然而我们在黄羊沟荒漠上还发现少量旱獭活动，这突破了我们的常识认知。

荒漠动物群的典型代表是鹅喉羚、跳鼠、沙鼠、毛足鼠、藏野驴、野骆驼。本保护区的荒漠面积最大，从海拔高度1600m一直向上分布到海拔2800m，由不同类型的荒漠组成。在阿尔金山和安南坝山北麓至卡拉塔什塔格山、大红山、小红山之间，形成宽40～80km、长约100km的山前洪积冲击倾斜平原，并发育了大致由东南向西北的众多大小不等的冲沟，地面由砾石组成；发育有沙葱（*Allium mongolicum*）、合头草（*Sympegma regelii*）、裸果木（*Gymnocarpos przewalskii*）、沙拐枣（*Calligonum mongolicum*）、灰叶铁线莲（*Clematis tomentella*）、戈壁针茅（*Stipa tianschanica var. gobica*）等旱生、超旱生荒漠植被。卡拉塔什塔格山、大红山、小红山构成剥蚀中山山地，平均海拔约2000m，大红山最高海拔2640m；山坡上没有植被，在山谷中发育有梭梭（*Haloxylon ammodendron*）、膜果麻黄（*Ephedra przewalskii*）、多枝柽柳（*Tamarix ramosissima*）、白沙蒿（*Artemisia blepharolepis*）等沙旱生植被，个别有泉眼的沟谷中发育有小片的胡杨（*Populus euphratica*）林。在小红山与夹山之间多为平沙地，局部有新月形沙丘，形成沙漠戈壁平原，主要植物有合头草、梭梭、裸果木、雾冰藜（*Grubovia dasyphylla*）；仅小红山北麓局部发育有红砂（*Reaumuria soongarica*）、合头草植被和稀疏残败的梭梭林。荒漠环境隐藏条件极差，与逃避敌害相关，这一动物群的动物体色灰暗，与栖息的小环境十分协调。许多动物的形态或生态有高度的特化。荒漠动物的穴居生活、冬眠、储存冬季饲料或善于奔跑等习性，比之草原动物有进一步的发展。荒漠干旱环境水源短缺，小型动物具有耐旱的生理特征，如跳鼠类能直接从食物中获得所需的水分和依靠特殊的代谢方式获得所需的水分，并存在有一系列减少水分消耗的特殊生理-生态适应机制；而有蹄类以快速奔跑来寻找所需的水源。某些种类形态高度特化，如跳鼠后肢和尾特别发达，利于快速跳跃，前肢仅用来寻找食物和挖洞。

在安南坝保护区境内分布的食肉类和有蹄类中，高地寒漠和高山草原2个动物群可以合称为高地草原—寒漠动物群，它们的生态位宽度较宽，同单调的环境相适应，有蹄类多具有季节性觅食迁移的习惯，冬季高山、河谷、盆地被雪覆盖，它们就迁移到无雪或雪薄的山岭上或大坂上觅食。同时，藏野驴、野骆驼、兔狲、狼等也可以跨越保护区内的荒漠和高山草原这2个植被类型。

在保护区内分布的小型兽类中，蒙古兔有较宽的生态位，荒漠、河谷地带、高山草原都有分布；而川西鼠兔、红耳鼠兔、灰尾兔等主要活动于高山草甸、草原地带，生态位宽度较窄，不见于荒漠地带；跳鼠类和沙鼠类主要集中在荒漠、半荒漠地带，成为该植被带的优势物种。总之，兽类的垂直分布与植被有着密切的关系，在带与带之间呈现一定的替代现象。

3.3.2 水平分布

水热、地貌、植被等因素对动物区系的分布常常会产生较为深刻的影响。安南坝保护区地形是南高北低，区内海拔1620～4810m，垂直高差3000m以上。地貌以戈壁面积最大，是阿尔金山山前冲积洪积砾石戈壁平原，从海拔3800m下泄至海拔1620m，包括北面的库姆塔格沙漠和砾石戈壁平原，中间夹杂大红山等中山风蚀残貌。南面则是与青海交界的阿尔金山，及其高山间的山间荒漠盆地。保护区内山体走向多为东西走向，且山脚下坡度较缓，加之纵向河谷有利于兽类南进及向北延伸，南进北伸的结果形成兽类群在保护区水平上交错分布、种类交叉重叠。

本保护区戈壁面积最大，因此，整个分布面积较广的动物主要为荒漠动物群。它们与草原动物相似，也以啮齿类、鼠兔类和有蹄类动物繁盛为特征，但由于生活条件比草原差，群聚性种类数量分布的区域性变化比草原大。

荒漠、半荒漠啮齿类动物，无论种类和数量，均以跳鼠和沙鼠2个类群为主。跳鼠主要栖息于砾石戈壁，沙鼠主要栖息于沙质戈壁。三趾跳鼠和长耳跳鼠组成跳鼠中的代表鼠种与沙鼠广泛分布在安南坝。在冬格列克、安南坝保护站、苦水河等地，跳鼠数量占优势，而在乌什喀特保护站区域沙鼠占优势。三趾心颅跳鼠属稀有种，分布区较狭窄，主要在小多坝沟、多坝沟一带的白刺（*Nitraria tangutorum*）群落里活动，常常与长耳跳鼠分布区重叠。保护区沙鼠有3种，多为群居性鼠类，全年活动，冬季活动减弱。在重叠分布区内沙鼠经常混居，形成沙鼠群，亦有不相混杂或互相替代的现象。查阅新疆、内蒙古的相关资料记载，大沙鼠的栖息地与梭梭、多枝柽柳、盐爪爪（*Kalidium foliatum*）、白刺等盐生灌木丛相联系，在梭梭丛中特别多，分布范围大致亦与梭梭荒漠一致。大沙鼠主要食梭梭肉质多汁的叶子，在梭梭丛生的地方，能形成大的群体，在局部地区，数量很高，有惊人的筑洞能力，还能在砾石层挖掘，同群往往连成一片，洞道将整个沙丘或地面密集贯穿。而我们的调查与文献不一致，大沙鼠种群数量少，且仅在山前平原的合头草群系中捕到。柽柳沙鼠的分布类似大沙鼠，喜栖息于柽柳生长茂密的环境，且在保护区沙鼠类群中数量不多。子午沙鼠是半荒漠的种类，在冬格列克的半荒漠带完全为优势种。

鹅喉羚在戈壁滩上分布也较广，容易观察到的区域主要在多坝沟、乌什喀特平滩，以及黄羊沟和冬格列克保护站周边，取食红砂、霸王（*Zygophyllum xanthoxylon*）等植物。狼、豺活动范围大，在冬格列克、乌什喀特、大红山、安南坝都有分布，常在调查野骆驼和野驴分布时见到其痕迹，保护区工作人员曾在沟脑袋拍到独狼，冬格列克平滩上拍到豺的珍贵照片。

阿尔金山山间盆地，啮齿动物种类较单一，数量不高，有子午沙鼠、长耳跳鼠、五趾跳鼠、三趾跳鼠、荒漠毛足鼠等。主要分布于青藏高原高山草原环境的高原兔和长尾仓鼠亦可见于山间盆地。在广大的荒漠半荒漠中，动物数量均甚低。一些喜湿的鼠类如灰仓鼠、藏仓鼠、长尾仓鼠见于安南坝和苦水河河道，其他区域尚未发现。在苦水河河道和安南坝河道也发现了根田鼠，与仓鼠共同生活，但其数量不占优势。

在保护区北部边缘地带如多坝沟及冬格列克保护站周围，种植了农作物和抗旱防风树种，形成了小面积的人工绿洲，为小型兽类栖息提供了良好条件。一些与人类关系密切的兽类扩展分布区至此，如小家鼠、褐家鼠及刺猬类，这些动物构成了村庄农田动物群，并与当地土著兽类并存和竞争。

在保护区南部，阿尔金山群山里主要是雪豹、盘羊、岩羊、鼠兔等高地草原—寒漠动物群活动于此，山前及山间盆地如苦水河里则有鹅喉羚、野骆驼、狼的活动；当然保护区北部的卡拉塔什塔格山、大红山也有岩羊、野骆驼的活动。岩羊喜欢陡峭的山体，曾发现黄羊沟15只的小群体、大黑山（海拔4200m处）40只的群体，在安南坝一支沟也见到2小群的活动。除了阿尔金山，雪豹在大红山一带的山地中也有活动，同时，乌什喀特保护站的护林员曾在保护站周边用数码相机记录下了雪豹的影像。总之，荒漠、高山交错，也引起荒漠动物群与高山动物群在保护区水平上交错分布；河沟山谷地貌具有优越的水热、植被条件，故兽类多样性丰富，且成为一些兽类向纵深渗透的通道。

3.4 珍稀、濒危及保护兽类

3.4.1 保护兽类

安南坝保护区内分布的国家珍稀保护兽类有野骆驼、雪豹等17种动物（见表3-5）。其中，国家Ⅰ级保护动物6种，占保护区内兽类总种数的10.71%；国家Ⅱ级保护动物11种，占保护区内兽类总种数的19.64%。区内还分布有国家保护"三有"动物8种，原甘肃省省级重点野生兽类赤狐、沙狐升级为国家Ⅱ级保护动物。此外,这些物种列入中国生物多样性红色名录的有19种,占保护区兽类总种数的33.93%(环境保护部,2015)。包括极危(CR)2种,易危种(VU)3种;濒危种(EN)有7种;近危种(NT)有7种。列入濒危野生动植物种国际贸易公约附录Ⅰ的有3种,分别是西藏盘羊、雪豹、棕熊;列入附录Ⅱ的有狼、豺、猞猁、荒漠猫、草原斑猫、兔狲、藏野驴7种(CITES,2017)。

表3-5 甘肃安南坝野骆驼国家级自然保护区中国、甘肃重点保护的、"三有"及特有兽类名录

科	种	保护级别	特有种	中国生物多样性红色名录
猫科	雪豹 *Uncia uncia*	Ⅰ		EN
骆驼科	野骆驼 *Camelus ferus*	Ⅰ		CR
马科	藏野驴 *Equus kiang*	Ⅰ		NT
犬科	豺 *Cuon alpinus*	Ⅰ		EN
猫科	荒漠猫 *Felis bieti*	Ⅰ	√	CR
牛科	西藏盘羊 *Ovis hodgsoni*	Ⅰ	√	NT
熊科	棕熊 *Ursus arctos*	Ⅱ		VU
鼬科	石貂 *Martes foina*	Ⅱ		EN
猫科	草原斑猫 *Felis silvestris*	Ⅱ		EN
猫科	猞猁 *Lynx lynx*	Ⅱ		EN
猫科	兔狲 *Otocolobus manul*	Ⅱ		EN
牛科	岩羊 *Pseudois nayaur*	Ⅱ		
牛科	鹅喉羚 *Gazella subgutturosa*	Ⅱ		VU
牛科	赤狐 *Vulpes vulpes*	Ⅱ		
犬科	沙狐 *Vulpes corsac*	Ⅱ		NT
犬科	藏狐 *Vulpes ferrilata*	Ⅱ		NT
犬科	狼 *Canis lupus*	Ⅱ		NT
鼬科	黄鼬 *Mustela sibirica*	Sy		
鼬科	艾鼬 *Mustela eversmanii*	Sy		VU
鼬科	香鼬 *Mustela altaica*	Sy		NT
鼬科	虎鼬 *Vormela peregusna*	Sy		EN
猬科	东北刺猬 *Erinaceus amurensis*	Sy	√	
仓鼠科	藏仓鼠 *Cricetulus kamensis*		√	
鼹形鼠科	中华鼢鼠 *Eospalax fontanierii*		√	
鼠兔科	红耳鼠兔 *Ochotona erythrotis*		√	
鼠兔科	川西鼠兔 *Ochotona gloveri*		√	
鼠兔科	狭颅鼠兔 *Ochotona thomasi*		√	NT

注:Ⅰ、Ⅱ分别为国家Ⅰ、Ⅱ级保护动物;CR、VU、NT、EN、EX、LC分别代表列入中国生物多样性红色名录的极危、易危、近危、濒危种。Sy代表国家保护的有益或者有重要经济、科学研究价值的陆生野生动物,Sz代表甘肃省重点保护野生动物。

3.4.2 特有兽类

中国有150种特有哺乳动物，特有种比例为22.3%，中国特有种比例高的是兔形目，达43%，其中的鼠兔科以青藏高原为分布中心，其特有种比例高达52%；劳亚食虫目的特有种比例为34.5%；中国灵长目、啮齿目和翼手目的特有种比例约占该目总种数的1/5。中国还是世界偶蹄类物种多样性丰富的国家，有67种偶蹄类，其中很多是分布在青藏高原的特有种，特有种占中国偶蹄类总种数的1/3（蒋志刚 等，2015）。

安南坝保护区是我国特有兽类分布较缺乏的地区之一，现有鼠兔、西藏盘羊等中国特有兽类7种，占中国特有兽类总数的4.7%。其中，鼠兔类小型兽类是保护区特有动物的主体，为3种。作为荒漠生态系统中的重要成员，小型兽类在取食植物的同时也在传播着植物种子，也是众多食肉动物的捕食对象，在维持生态系统平衡过程中发挥着重要作用。因此，研究该保护区的特有动物及其分布特征对探索荒漠动物区系的形成与演化具有重要意义（见表3-5）。

3.5 与毗邻保护区的比较

将安南坝保护区与新疆罗布泊、敦煌西湖保护区兽类组成进行对比就会发现，罗布泊保护区有兽类7目18科45种，敦煌西湖保护区有兽类7目12科32种，安南坝保护区与罗布泊、敦煌西湖保护区都共有30种兽类，安南坝保护区与这2个保护区物种组成相似性均为59.4%（见表3-6）。这3个保护区动物区系组成都以适应荒漠生活的古北界和广布种为主，特别是中大型兽类，奔跑能力强，活动范围大，往来于这3个保护区之间。

表3-6 甘肃安南坝野骆驼国家级自然保护区与毗邻自然保护区兽类区系组成

保护区	物种组成		
	目	科	种
安南坝	7	16	56
罗布泊	7	18	45
敦煌西湖	7	12	32

罗布泊保护区与安南坝保护区接壤，面积非常大，达到612万hm^2，景观多样，有河流、沙漠、戈壁、高山，异质性程度高，所以有其他2个保护区不存在的野猪、马鹿、北山羊、狗獾、白鼬、草原蹶鼠等这样的兽类。然而罗布泊保护区缺乏鼠兔类及较少的仓鼠类，这也反映小型兽类的扩散能力较弱，对其小生境条件要求比较高；

同时也可能与罗布泊保护区动物调查不充分有关。敦煌西湖保护区面积与安南坝保护区相差不多，但其所处的海拔较低，并且其周边多有绿洲，人为干扰相对严重，因此，敦煌西湖保护区的兽类比较少，缺乏高山草原所有的棕熊、藏野驴、鼠兔类、岩羊、盘羊等；而安南坝保护区也缺少敦煌西湖保护区分布的巨泡五趾跳鼠和长爪沙鼠。

第四章 鸟类资源

鸟类是体被羽毛、有翼、恒温和卵生的高等脊椎动物。从生物学观点来看，鸟类最突出的特征是新陈代谢旺盛，并能在空中飞行，这也是鸟类与其他脊椎动物的根本区别，并使其在种类上成为仅次于鱼类、遍布全球的脊椎动物。安南坝保护区植被类型以小灌木和半灌木荒漠为主，鸣禽是构成该区域脊椎动物的主体成分。鸟类通过捕食昆虫和小型啮齿动物、传播种子，参与系统能量流动和物质循环，是维持荒漠生态系统健康、稳定的主力军。同时，它们也是人类文化生活中不可或缺的视、听元素，在唐宋诗词中这些元素被展现得淋漓尽致。

近几年来，习主席的生态文明思想落地生根，随着天然林保护工程和自然保护区工程的建设，安南坝保护区及周边区域的动物生境得到很大的改善，鸟类的种群、数量也在不断变化着。为此，我们结合以往的文献资料，特别是2015~2017年在保护区调查野骆驼时调查到的伴生动物资源，并于2017~2019年夏、冬采用样线法，对安南坝保护区鸟类区系做了详细的调查，重点线路为苦水河、安南坝、冬格列克、乌什喀特保护站，旨在为甘肃省野生鸟类的保护工作和科学研究提供重要的基础资料。

4.1 物种组成

安南坝保护区内共有鸟类150种，隶属于13目33科83属（见表4-1）。鸟类占本保护区内动物总种数的69.44%，占中国鸟类总种数1371种（郑光美，2011）的10.94%。在保护区所有的鸟类中，雀形目鸟类种类最多，共有18科96种，分别占调查总科数及总种数的54.5%和64%，非雀形目鸟类共15科54种，分别占调查总科数及总种数的

45.5%和36%。可见雀形目鸟种超过保护区内鸟类总种数的一半,在保护区鸟类中占有重要地位。

与兰州大学等(2002)编制的保护区综合科学考察鸟类名录比较,本次调查新增鸟类共78种,其中非雀形目鸟类22种,包括国家Ⅱ级保护动物大天鹅(*Cygnus Cygnus*),以及猛禽白尾鹞(*Circus cyaneus*)、雀鹰(*Accipiter nisus*)、苍鹰(*Accipiter gentilis*)、普通鵟(*Buteo buteo*)、灰背隼(*Falco columbarius*)、长耳鸮(*Asio otus*)、短耳鸮(*Asio flammeus*)8种。同时本次在冬格列克还发现了日本鹡鸰(*Motacilla grandis*),其可能是迷鸟,文献记载其繁殖于日本、朝鲜南部,偶有冬候鸟活动于中国台湾及河北。

表4-1 甘肃安南坝野骆驼国家级自然保护区鸟类名录

目、科	种	发现地点	新分布	季节型	分布型	区系类型	保护级别
Ⅰ 鹳形目 CICONIIFORMES							
1.鹭科 Ardeidae	大白鹭 *Egretta alba*	苦水河	+	旅	O	广	Sz
Ⅱ 雁形目 ANSERIFORMES							
2.鸭科 Anatidae	大天鹅 *Cygnus Cygnus*	冬格列克	+	夏	C	古	Ⅱ
	绿翅鸭 *Anas crecca* Linnaeus	安南坝河、苦水河		夏	C	古	Sy
	绿头鸭 *Anas platyrhynchos*	冬格列克、安南坝河	+	夏	C	古	Sy
	赤麻鸭 *Tadorna ferruginea*	安南坝河、苦水河	+	夏	U	古	Sy
	赤膀鸭 *Anas strepera*	安南坝河、苦水河	+	夏	U	古	Sy
Ⅲ 隼形目 FALCONIFORMES							
3.鹰科 Accipitridae	白尾鹞 *Circus cyaneus*	安南坝	+	旅	C	古	Ⅱ
	黑鸢 *Milvus migrans*	斯木图		留	U	广	Ⅱ
	秃鹫 *Aegypius monachus*	安南坝		留	O	古	Ⅰ
	胡兀鹫 *Gypaetus barbatus*	斯班泉		留	O	古	Ⅰ
	高山兀鹫 *Gyps himalayensis*	安南坝		留	O	古	Ⅱ
	白肩雕 *Aquila heliaca*			留	O	古	Ⅰ

续表

目、科	种	发现地点	新分布	季节型	分布型	区系类型	保护级别
3.鹰科 Accipitridae	雀鹰 *Accipiter nisus*	安南坝	+	留	U	古	II
	苍鹰 *Accipiter gentilis*	安南坝	+	留	C	古	II
	棕尾鵟 *Buteo rufinus*	大红山		留	O	古	II
	普通鵟 *Buteo buteo*	安南坝	+	旅	U	古	II
	大鵟 *Buteo hemilasius*	安南坝		留	D	古	II
	金雕 *Aquila chrysaetos*	安南坝		留	C	古	I
	白尾海雕 *Haliaeetus albicilla*	安南坝		留	U	古	I
	草原雕 *Aquila nipalensis*	安南坝		留	D	古	I
4.隼科 Falconidae	猎隼 *Falco cherrug*	安南坝		留	C	古	I
	红隼 *Falco tinnunculus*	冬格列克、大红山		留	O	古	II
	灰背隼 *Falco columbarius*	冬格列克、安南坝	+	留	C	广	II
	燕隼 *Falco subbuteo* Linnaeus			留	U	东	II
IV鸡形目 GALLIFORMES							
5.雉科 Phasianidae	斑翅山鹑 *Perdix dauuricae*			留	D	古	Sy
	高原山鹑 *Perdix hodgsoniae*			留	H	古	Sy
	石鸡 *Alectoris chukar*	斯木图、苦水河、安南坝		留	D	古	Sy
	喜马拉雅雪鸡 *Tetraogallus himalayensis*	斯木图、苦水河		留	P	古	II
	藏雪鸡 *Tetraogallus tibetanus*			留	P	古	II
V鹤形目 GRUIFORMES							
6.秧鸡科 Rallidae	小田鸡 *Porzana pusilla*	大红山	+	旅	O	广	Sy
7.鹤科 Gruidae	黑颈鹤 *Grus nigricollis*	苦水河		夏	P	古	I
VI鸻形目 CHARADRIIFORMES							
8.鸻科 Charadriidae	金斑鸻 *Pluvialis fulva*			旅	C	广	Sy
	金眶鸻 *Charadrius dubius*	苦水河		夏	O	古	Sy

续表

目、科	种	发现地点	新分布	季节型	分布型	区系类型	保护级别
8.鸻科 Charadriidae	环颈鸻 *Charadrius alexandrinus*	大红山、冬格列克	+	夏	O	古	Sy
9.鹬科 Scolopacidae	白腰草鹬 *Tringa ochropus*	安南坝河		夏	U	广	Sy
	红脚鹬 *Tringa totanus*	苦水河		夏	U	古	Sy
	矶鹬 *Actitis hypoleucos*	冬格列克	+	夏	C	古	Sy
	青脚滨鹬 *Calidris temminckii*	苦水河		夏	U	广	Sy
Ⅶ沙鸡目 PTEROCLIFORMES							
10.沙鸡科 Pteroclidae	毛腿沙鸡 *Syrrhaptes paradoxus*	冬格列克、大红山		留	D	古	Sy
Ⅷ鸽形目 COLUMBIFORMES							
11.鸠鸽科 Columbidae	岩鸽 *Columba rupestris*	斯木图		留	O	古	Sy
	灰斑鸠 *Streptopelia decaocto*	苦水河	+	留	W	广	Sy
	欧斑鸠 *Streptopelia turtur*	安南坝	+	留	O	古	Sy
	山斑鸠 *Streptopelia orientalis*			留	E	广	Sy
	原鸽 *Columba livia*	赛马沟	+	留	O	古	Sy
	珠颈斑鸠 *Streptopelia chinensis*	安南坝	+	夏	W	东	Sy
Ⅸ鹃形目 CUCULIFORMES							
12.杜鹃科 Cuculidae	大杜鹃 *Cuculus canorus*	冬格列克		夏	O	广	Sy
	东方中杜鹃 *Cuculus optatus*	大红山	+	夏	M	广	Sy
Ⅹ鸮形目 STRIGIFORMES							
13.鸱鸮科 Strigidae	雕鸮 *Bubo bubo*	安南坝		留	U	古	Ⅱ
	长耳鸮 *Asio otus*	安南坝	+	旅	C	古	Ⅱ
	短耳鸮 *Asio flammeus*	安南坝	+	旅	C	古	Ⅱ
	纵纹腹小鸮 *Athene noctua*	苦水河		留	U	古	Ⅱ
Ⅺ雨燕目 APODIFORMES							
14.雨燕科 Apodidae	普通雨燕 *Apus apus*	安南坝、苦水河	+	夏	O	古	Sy

续表

目、科	种	发现地点	新分布	季节型	分布型	区系类型	保护级别
14.雨燕科 Apodidae	白腰雨燕 *Apus pacificus*	安南坝、苦水河	+	夏	M	古	Sy
XII 戴胜目 UPUPIFORMES							
15.戴胜科 Upupidae	戴胜 *Upupa epops*	乌什喀特、安南坝、冬格列克		夏	O	广	Sy
XIII 雀形目 PASSERIFORMES							
16.百灵科 Alaudidae	凤头百灵 *Galerida cristata*	多坝沟	+	留	O	古	
	角百灵 *Eremophila alpestris*	安南坝		留	C	广	Sy
	小沙百灵 *Calandrella rufescens*			留	D	古	
	短趾沙百灵 *Calandrella cheleensis*			留	O	古	
	细嘴短趾百灵 *Calandrella acutirostris*			夏	P	古	
	云雀 *Alauda arvensis*			留	U	古	II
	小云雀 *Alauda gulgula*	大红山	+	留	W	古	Sy
17.燕科 Hirundinidae	家燕 *Hirundo rustica*	乌什喀特		夏	C	古	Sy
	金腰燕 *Hirundo daurica*		+	夏	O	古	Sy
	烟腹毛脚燕 *Delichon dasypus*		+	夏	U	古	Sy
	岩燕 *Ptyonoprogne rupestris*		+	夏	O	广	Sy
	崖沙燕 *Riparia riparia*	苦水河	+	夏	C	古	Sy
18.鹡鸰科 Motacillidae	白鹡鸰 *Motacilla alba*	冬格列克		夏	O	古	
	日本鹡鸰 *Motacilla grandis*	冬格列克	+	迷	O	东	Sy
	黄头鹡鸰 *Motacilla citreola*			夏	U	古	Sy
	黄鹡鸰 *Motacilla flava*			夏	U	广	
	灰鹡鸰 *Motacilla cinerea*			夏	O	古	Sy
	田鹨 *Anthus richardi*		+	夏	M	广	Sy
	东方田鹨 *Anthus rufulus*			夏	M	广	
19.伯劳科 Laniidae	楔尾伯劳 *Lanius sphenocercus*	安南坝	+	夏	M	古	Sy
	灰背伯劳 *Lanius tephronotus*	东格列克	+	夏	H	古	Sy

续表

目、科	种	发现地点	新分布	季节型	分布型	区系类型	保护级别
19.伯劳科 Laniidae	灰伯劳 Lanius excubitor		+	留	C	古	Sy
	荒漠伯劳 Lanius isabellinus	安南坝		夏	X	古	Sy
20.鸦科 Corvidae	喜鹊 Pica pica	安南坝		留	C	广	Sy
	红嘴山鸦 Pyrrhocorax pyrrhocorax	安南坝、赛马沟		留	O	古	
	达乌里寒鸦 Corvus dauuricus		+	留	U	古	Sy
	小嘴乌鸦 Corvus corone		+	留	C	广	
	大嘴乌鸦 Corvus macrorhynchos	冬格列克	+	留	E	东	
	渡鸦 Corvus corax	冬格列克	+	留	C	广	Sz
	黑尾地鸦 Podoces hendersoni *	苦水河、冬格列克		留	D	广	II
21.岩鹨科 Prunellidae	褐岩鹨 Prunella fulvescens	安南坝河		留	I	古	
	黑喉岩鹨 Prunella atrogularis		+	留	I	古	
	领岩鹨 Prunella collaris			留	U	古	
	鸲岩鹨 Prunella rubeculoides	阿尔金山	+	留	I	古	
22.鸫科 Turdidae	赭红尾（水）鸲 Phoenicurus ochruros	苦水河、安南坝、赛马沟		夏	O	古	
	黑喉红尾鸲 Phoenicurus hodgsoni	安南坝	+	夏	H	古	Sy
	北红尾鸲 Phoenicurus auroreus	安南坝	+	夏	M	古	Sy
	红腹红尾鸲 Phoenicurus erythrogaster			夏	I	古	
	蓝额红尾鸲 Phoenicurus frontalis	安南坝	+	夏	H	古	
	白腹短翅鸲 Hodgsonius phoenicuroides	安南坝	+	留	H	古	
	穗䳭 Oenanthe oenanthe			夏	C	古	
	漠䳭 Oenanthe deserti	斯木图、苦水河		夏	D	古	
	沙䳭 Oenanthe isabellina	乌什喀特、苦水河、冬格列克		夏	D	古	

续表

目、科	种	发现地点	新分布	季节型	分布型	区系类型	保护级别
22.鸫科 Turdidae	白顶䳭 Oenanthe hispanica	斯木图、苦水河	+	夏	D	古	
	白背矶鸫 Monticola saxatilis	安南坝	+	夏	D	古	
	虎斑地鸫 Zoothera dauma	安南坝	+	夏	U	广	Sy
	白眉鸫 Turdus obscurus	斯木图	+	夏	M	古	
	黑胸鸫 Turdus dissimilis	安南坝	+	夏	H	东	Sy
	黑颈鸫 Turdus atrogularis	安南坝	+	夏	O	古	
	棕背黑头鸫 Turdus kessleri *	斯木图	+	夏	H	东	Sy
	槲鸫 Turdus viscivorus	安南坝	+	夏	O	古	
	灰头鸫 Turdus rubrocanus	安南坝	+	夏	H	古	
	赤颈鸫 Turdus ruficollis			夏	O	古	
	红尾鸫 Turdus naumanni	安南坝	+	夏	M	古	Sy
	斑鸫 Turdus eunomus	安南坝	+	夏	M	古	Sy
23.鹟科 Muscicapidae	斑鹟 Muscicapa striata	安南坝	+	夏	O	古	
	红喉姬鹟 Ficedula parva	安南坝、大红山		夏	U	古	Sy
24.扇尾莺科 isticolidae	山鹛 Rhopophilus pekinensis *	安南坝	+	留	D	古	Sy
25.莺科 Sylviidae	白喉莺 Sylvia curruca blythi	安南坝	+	旅	O	古	
	漠白喉林莺 Sylvia minula			夏	O	古	
	斑胸短翅莺 Bradypterus thoracicus	安南坝	+	夏	O	古	
	褐柳莺 Phylloscopus fuscatus	安南坝	+	旅	M	古	Sy
	黄眉柳莺 Phylloscopus inornatus			夏	U	古	Sy
	花彩雀莺 Leptopoecile sophiae	安南坝、大小红山		夏	P	古	
26.戴菊科 Regulidae	戴菊 Regulus regulus			旅	C	古	Sy
27.攀雀科 Remizidae	攀雀 Remiz consobrinus	安南坝	+	夏	U	古	Sy
28.文须雀科 Panuridae	文须雀 Panurus biarmicus	苦水河	+	留	O	古	
29.山雀科 Paridae	地山雀 Pseudopodoces humilis *	斯木图		留	P	古	
	白眉山雀 Parus superciliosus *			留	P	东	II

续表

目、科	种	发现地点	新分布	季节型	分布型	区系类型	保护级别
30.旋壁雀科 Tichidromidae	红翅旋壁雀 *Tichodroma muraria*	斯班泉		夏	O	古	
31.雀科 Passeridae	山麻雀 *Passer rutilans*	安南坝	+	留	S	东	Sy
	家麻雀 *Passer domesticus*	安南坝	+	留	O	古	
	黑顶麻雀 *Passer ammodendri*	安南坝		留	D	古	
	麻雀 *Passer montanus*			留	U	广	Sy
	石雀 *Petronia petronia*	安南坝		留	O	古	
	棕颈雪雀 *Pyrgilauda ruficollis* *	赛马沟	+	留	I	古	
	白腰雪雀 *Onychostruthus taczanowskii* *	斯木图	+	留	I	古	
	褐翅雪雀 *Montifringilla adams*	安南坝	+	留	I	古	
	白斑翅雪雀 *Montifringilla nivalis*	苦水河	+	留	I	古	
32.燕雀科 Fringillidae	燕雀 *Fringilla montifringilla*	安南坝	+	旅	U	广	Sy
	高山岭雀 *Leucosticte brandti*	安南坝		留	I	古	
	普通朱雀 *Carpodacus erythrinus*	安南坝	+	留	U	古	Sy
	沙色朱雀 *Carpodacus synoicus*	安南坝		留	D	古	Sy
	白眉朱雀 *Carpodacus dubius*	安南坝	+	留	H	古	Sy
	拟大朱雀 *Carpodacus rubicilloides*	安南坝	+	留	I	古	Sy
	红交嘴雀 *Loxia curvirostra*	安南坝		旅	C	广	II
	黄雀 *Carduelis spinus*	安南坝	+	旅	U	广	Sy
	金翅雀 *Carduelis sinica*	安南坝		夏	M	广	Sy
	锡嘴雀 *Coccothraustes coccothraustes*	安南坝	+	旅	U	古	Sy
	白斑翅拟蜡嘴雀 *Mycerobas carnipes*	苦水河	+	留	I	古	
	黄嘴朱顶雀 *Carduelis flavirostris*	苦水河		留	U	古	Sy
	蒙古沙雀 *Bucanetes mongolicus*	赛马沟		留	O	古	
	巨嘴沙雀 *Rhodospiza obsoleta*	安南坝	+	留	D	古	

续表

目、科	种	发现地点	新分布	季节型	分布型	区系类型	保护级别
33.鹀科 Emberizidae	灰眉岩鹀 *Emberiza godlewskii*	大红山		留	O	古	Sy
	三道眉草鹀 *Emberiza cioides*	安南坝	+	留	M	古	Sy
	芦鹀 *Emberiza Schoeniclus*	苦水河	+	留	U	古	Sy

注：根据《中国鸟类分类与分布名录（第二版）》（郑光美，2011）的分类安排。分布型：C，全北型；E，季风型；D，中亚型；H，喜马拉雅-横断山脉型；M，东北型；P或I，高地型；S，南中国型；W，东洋型；U，古北型；X，东北—华北型；O，不易归类型。保护级别：Ⅰ、Ⅱ分别代表国家Ⅰ、Ⅱ级重点保护野生动物；Sy，国家保护的有益的或者有重要经济、科学研究价值的陆生野生动物；Sz，甘肃省重点保护野生动物。特有种："*"代表中国特有种。

4.2 区系组成

4.2.1 目、科的组成

本保护区内共有鸟类150种，隶属于13目33科83属。对各目中所含鸟类的科和种进行分析得到以下数据。其中，鹳形目、沙鸡目、戴胜目均1科1种；鹃形目、雨燕目均1科2种；鸽形目1科6种；雁形目、鸡形目均1科5种；鸮形目1科4种；鹤形目2科2种；隼形目2科18种；鸻形目2科7种；雀形目18科96种。

表4-2 甘肃安南坝野骆驼国家级自然保护区鸟类科内属的组成

科内含属数	科名	科数	占总科数/%	占总属数/%
1	鹭科、隼科、秧鸡科、鹤科、沙鸡科、杜鹃科、雨燕科、戴胜科、伯劳科、岩鹨科、扇尾莺科、戴菊科、攀雀科、文须雀科、旋壁雀科、鹀科	16	48.5	19.3
2	鸻科、鸠鸽科、鸱鸮科、鸫科、山雀科	5	15.2	12.0
3	鸭科、雉科、鹬科、鸥鸻科	4	12.1	14.5
4	百灵科、燕科、鸦科、莺科	4	12.1	19.3
5	雀科	1	3.0	6.0
6	鸫科	1	3.0	7.2
9	鹰科、燕雀科	2	6.1	21.7
	总计	33	100.0	100.0

从上述分析可看出，雀形目所含鸟类的科数最多，占保护区总科数（33科）的54.5%，鹤形目、鸻形目、隼形目次之，仅为2科，各占保护区总科数的6.0%，其余目

均为1科。

从各个目所含的鸟类种数来看，雀形目种数也是最多的，占保护区总种数（150种）的64%。鹳形目、沙鸡目、戴胜目所含种数最少，均仅有1种，各占保护区总种数的0.67%。由此可见，本保护区内的鸟类组成以雀形目鸟类为主，不论是含有科的数目，还是种的数目都超过了总数的一半比重，是组成保护区鸟类区系的重要成分。

4.2.2 科内属的组成

本保护区鸟类各科内所含有属的个数差异较大。其中，仅含有1个属的科（16个）最多，分别是鹭科、隼科、秧鸡科、鹤科、沙鸡科、杜鹃科、雨燕科、戴胜科、伯劳科、岩鹨科、扇尾莺科、戴菊科、攀雀科、文须雀科、旋壁雀科、鸦科；其次为含有2个属的科：鸻科、鸠鸽科、鹬鸻科、鹟科、山雀科；含有3个属的科有：鸭科、雉科、鹀科、鸥鸭科；含有4个属的科有：百灵科、燕科、鸦科、莺科；含有5个属和6个属的科分别为雀科和鸫科，含有9个属的科有鹰科、燕雀科。

鹰科、燕雀科鸟类含有最多的属数，占保护区总属数（83属）的21.7%，鸫科种数最多却只有6个属，仅占总属数的7.2%。含有2~5属的科有14个，占总科数的32.4%，这些科共含有43个属，在该区的鸟类区系中占有重要地位。含有1个属的有16个科，占总科数的48.5%，占总属数的19.3%，这些科所占比例最大，是该区鸟类多样性的主要组成成分（见表4-2）。

4.2.3 科内种的组成

对各科中的种数进行分析可知，保护区鸟类各科中所含的种数差异较大，其中鸫科最多（21种），占保护区鸟类总种数的14%。其次为鹰科和燕雀科（各14种），雀科（9种），百灵科、鹬鸻科、鸦科（各7种），鸠鸽科和莺科（各6种），鸭科、雉科和燕科（各5种）；再次为鹟科、鸥鸭科、伯劳科、岩鹨科、隼科（各4种），鸦科、鸻科（各3种），鹀科、山雀科、杜鹃科、雨燕科（各2种），其他10科均只含有1种。

4.3 区系分析

根据张荣祖（2002）对中国地理区划的划分，安南坝保护区应属于西北干旱地区，为古北界，中亚亚界，蒙新区，西部荒漠亚区。动物生态地理类型属于荒漠动物群。

4.3.1 区系特征

1. 科的地理成分是以古北界类型为主，具有明显的北方性质（见表4-1）。

保护区鸟类各科包括以下几种地理成分：主要分布于全北界的如攀雀科；主要分布于古北界的如岩鹨科；以环球热带—亚热带的为中心分布的如鹟科。整体上看，比较缺乏南方特有的科，而且科内种的数量较少；主要是北方耐干旱、耐高寒鸟类分布在本自然保护区内，显示明显的内陆性质。上述保护区鸟类的分布特点反映出其较长的分布历史和形态，在生态上有利于类群的进一步扩展。

表4-3 甘肃安南坝野骆驼国家级自然保护区鸟类分布型组成

分布型	种数	所占比例/%
喜马拉雅-横断山脉型（H）	9	6.0
高地型（P/I）	18	12
全北型（C）	22	14.7
季风型（E）	2	1.3
南中国型（S）	1	0.7
古北型（U）	29	19.3
不易归类型（O）	38	25.3
东北型（M）	12	8
东洋型（W）	3	2.0
东北-华北型（X）	1	0.7
中亚型（D）	15	10.0
总计	150	100.0

2. 种的地理成分以北方类型为主，兼有少量的南方类型鸟类混存于此。

安南坝保护区处于我国的荒漠带（中温带及暖温带）、欧亚大陆的中心，距离海洋极为遥远，南边被阿尔金山等高山阻隔，湿润的海洋气流很难进入，气候极为干旱。该区鸟类区系的地理成分以北方类型为主，兼有少量的南方类型鸟类混存于此（见表4-3）。这些地理成分包括北方的古北型、全北型、东北型、东北—华北型，南方的喜马拉雅山—横断山脉型、南中国型、东洋型和季风型等。

古北型：这些种类主要分布于欧亚大陆寒温带，分布区的南部通过我国最北部，如纵纹腹小鸮（*Athene noctua*）等。

全北型：有些少数种类分布区环绕北半球北部，包括北美，反映我国北方动物区系与环球寒温带-极地间的关系，如绿头鸭（*Anas platyrhynchos*）等。

东北—华北型：仅有少数的东北种类经过华北区向西延伸至此，如荒漠伯劳（*Lanius isabellinus*）。

中亚型：巨嘴沙雀（*Rhodospiza obsoleta*）、草原雕（*Aquila nipalensis*）等。

东北型：一些种类分布区主要位于我国东北及其邻近地区，如白腰雨燕（*Apus pacificus*）、东方中杜鹃（*Cuculus optatus*）、田鹨（*Anthus richardi*）等鸟类。

高地型：这些种类繁殖区限于或主要在青藏高原地区，代表性种类有花彩雀莺（*Leptopoecile sophiae*）、地山雀（*Pseudopodoces humilis*）等，均属于耐高寒的种类，多分布于保护区的高海拔地区，反映了青藏高原鸟类对本区鸟类区系的影响。

季风型：北方型（全北型和古北型）的种类不同程度沿我国季风区向南延伸，如大嘴乌鸦（*Corvus macrorhynchos*）等。

东洋型：为主要分布在中南半岛、印度半岛或更包括附近岛屿的种类，分布区的中心处于东南亚的热带地区。属于东洋界，是华南区的主要成分，有些种类仅由居留区扩展至保护区，如灰斑鸠（*Streptopelia decaocto*）。

喜马拉雅-横断山脉型：属东洋界，西南区的主要成分，主要为山地森林栖居者。代表性的种类有白眉朱雀（*Carpodacus dubius*）、高原山鹑（*Perdix hodgsoniae*）等。

南中国型：为我国东洋界所特有或主要分布种，是华中型的主要成分。分布在保护区的种类稀少，代表性种仅有山麻雀（*Passer rutilans*）。

不易归类型：主要分布于欧亚非（旧）大陆的低纬至中纬地区，跨热带与亚热带的种类。代表种有金眶鸻（*Charadrius dubius*）、大杜鹃（*Cuculus canorus*）等。

4.3.2 地理分布类型

根据鸟类的地理分布型，可将保护区150种鸟类分为3种类型：①古北界物种：即完全或主要分布在古北界的鸟类；②东洋界物种：即完全或主要分布在东洋界的鸟类；③广布种：即繁殖范围跨古北界与东洋界两界，甚至超出两界，或者现知分布范围极为有限，很难从其分布范围分析出区系从属关系的鸟类。保护区内的古北界鸟类居多，共115种，占保护区内鸟类总种数的76.67%；广布型物种次之，共27种，占保护区内鸟类总种数的18%；东洋界物种所占比例最少。这说明本保护区是以古北界物种为主的，广布型物种并存的较为简单的鸟类区系（见表4-4）；同时，古北界鸟类远远多于东洋界鸟类，也反映出其较长的分布历史和多样的分布形态，保护区所处西部荒漠的地理典型及干旱的气候，阻碍了不同地理分布型的鸟类在此的渗透。

表4-4 甘肃安南坝野骆驼国家级自然保护区鸟类的区系类型

地理分布	鸟类总数	占鸟类总数 / %
东洋界	8	5.33
古北界	115	76.67
广布种	27	18
总计	150	100.00

4.3.3 居留类型

在保护区有150种，鸟类中，留鸟73种、夏候鸟62种、迷鸟1种、旅鸟14种，分别占保护区内鸟类总数的48.67%、41.33%、0.67%和9.33%，留鸟占主要地位。在当地繁殖的鸟类共135种（包括留鸟和夏候鸟），占保护区鸟类总数的90%，而非当地繁殖的鸟类15种，只占10%，可见当地繁殖鸟类占有优势地位，构成了总体成分的基本类群，也反映了当地的严酷环境，特别是水资源的极为不丰富阻碍了更多鸟类的迁徙，只有那些适应干旱条件的鸟类长期栖息于此。

4.4 分布特征

根据生态地理学观点，本保护区鸟类属于荒漠-草原动物类群，表现为种类、数量都相对少的特征，特别是在戈壁荒漠上表现得更为明显。保护区鸟类区系有以下生态分布特点。

4.4.1 水平分布

受到大陆性气候的影响，安南坝保护区内鸟类的数量和物种数都相对较少，表现在遇见率非常低。保护区景观主要是荒漠景观，植被稀疏低矮，多由耐旱耐碱的白刺、合头草、红砂、霸王、膜果麻黄等旱生、盐生植物组成。同时，也有一些特殊区域形成特殊的景观，如苦水河湿地形成的芦苇景观；安南坝河谷形成的宽苞水柏枝林景观、小冲霍尔的高山草原景观、斯木图的草甸景观等等。上述生境的异质性影响着鸟种的分布，也构成不同的鸟类群落。鸟类的物种多样性可沿河谷伸至山体本体内外部。如一些水禽、涉禽主要活动于河谷或泉眼，特别是保护区修的几处涝池，更是吸引了这些鸟类。鸦科、雨燕等喜湿的鸟类也经常在河流丰富处活动，而水边生长茂盛的植物也为鸟类提供了觅食处，增加了它们的隐蔽性。猛禽以捕食小动物为生，它们活动范围比较大，如戈壁、草原、高山，食物来源是影响它们活动区间的最主要原因。在戈壁上分布的多有毛腿沙鸡、沙䳭、黑尾地鸦，在草原上分布的多有戴胜、山雀、高山岭雀、沙雀等。分布在村庄、羊圈附近的鸟类有斑鸠、戴胜、岩鹩、金腰燕、百灵等；而分布在沙漠活动的鸟类非常少。总之，保护区生境的异质性非常明显，鸟类物种多样性表现出较大的区域水平差异，并且具有典型的多种地理成分的复合体特色，明显折射出水平分布、海拔对鸟类类群的影响。

4.4.2 垂直分布

由于山地具有复杂多样的生态条件，不同的自然垂直带和不同的生境类型中，栖息着不同的种类，形成鸟类分布的垂直地带性差异。保护区所在地形是南高北低，南部阿尔金山平均海拔在3100m以上，最高峰4810m。从南至北，依次有安南坝山、大红山（海拔2640m）和小红山（海拔2052m）。小、大红山都是突出于戈壁平原的风蚀地貌。保护区内戈壁面积最大，是阿尔金山山前冲积、洪积砾石戈壁平原，从海拔2800m下泄至1620m。从区系组成来看，鸟类组成随着海拔高度的增加有不同的变化。高海拔山区植被相对稀少，鸟类多为耐寒物种，如地山雀、雪雀、雪鸡等；在中海拔山区，地表径流相对丰富一些，植被生长也比较好，鸟类的物种多样性相对高，如在苦水河、斯木图可以见到雪鸡、岩鸽、沙鸡、红嘴山鸦、鹰隼类等；而在低海拔的戈壁平原上，常见到毛腿沙鸡、沙鹛、黑尾地鸦、角百灵等，但是它们的遇见率都相对较低，这也再次说明水分、植物和海拔高度共同影响鸟类的分布，而水分是明显的限制因子。

另外，尽管保护区鸟种和数量并不是很多，但在近几年的科学考察活动中我们还是有所收获，安南坝保护区新记录不断出现。冬格列克保护站2017年春季救护1只国家Ⅱ级保护鸟类大天鹅。据保护站职工讲述，2016年也救护了1只大天鹅，而且2018年春天在冬格列克的戈壁滩上见到1只成体带着4只幼体。说明这些大天鹅每年迁徙途经安南坝保护区，特别是在大红山修建2个涝池，以及引水浇灌冬格列克保护站门前树林和小块菜地，吸引大天鹅在此短暂停留。再如，2018年夏季，在苦水河芦苇丛里发现了文须雀，安南坝山前发现了灰背隼、斑鹟，安南坝河面发现大群的雨燕；2017年4月，在冬格列克发现了非常稀少的日本鹨鸰等。总之，不断记录这些鸟类的分布与活动时间，有助于我们理解保护区与周边哈尔腾、苏干湖、当金山动物之间的联系。

4.5 特有鸟类和保护鸟类

4.5.1 特有鸟类

了解安南坝荒漠分布的中国特有鸟类，对研究这一地区动物区系的组成、区系特点和发生与演化具有十分重要的意义。谭耀匡（1985）、雷富民（2002）和张荣祖（2002）等先后对中国鸟类特有种进行了统计记录，但是种类名录出入较大。雷富民（2002）分析我国鸟类特有种计有105种，隶属于58属16科7目。在中国特有种的确定上，这些学者将"主要分布区"或"主要繁殖区"在中国的鸟类均定为中国特有种是值得商榷的（郑光美，2011）。实际上，"主要分布区"与"主要繁殖区"是一个较为模糊的界定标准，不同学者甚至同一学者在不同论文中均出现了差异，郑光美等人（2011）参考了多种著述后，确定我国有鸟类特有种76种，隶属于5目19科48属。分布在甘肃安南坝国家级自然保护区的中国特有鸟类共有1目5科7种，占中国鸟类特有种总数（76种）的9.2%，占保护区内鸟类总种数的4.67%。本保护区特有鸟类包括雀科、山雀科各2种，扇尾莺科、鸦科和鸦科各1种，在此分布的典型代表种类为黑尾地鸦（见表4-5）。

表4-5 甘肃安南坝野骆驼国家级自然保护区中国特有鸟类

目	科	种
雀形目	鸫科	棕背黑头鸫 *Turdus kessleri*
	雀科	棕颈雪雀 *Pyrgilauda ruficollis* 白腰雪雀 *Onychostruthus taczanowskii*
	扇尾莺科	山鹛 *Rhopophilus pekinensis*
	山雀科	白眉山雀 *Parus superciliosus* 地山雀 *Pseudopodoces humilis*
	鸦科	黑尾地鸦 *Podoces hendersoni*

4.5.2 保护鸟类

安南坝保护区内有国家重点保护鸟类30种（见表4-6）。其中，国家Ⅰ级保护鸟类8种，占保护区内鸟类总种数的5.33%，其余22种均为国家Ⅱ级保护鸟类，占保护区内鸟类总种数的14.67%。此外，"三有"鸟类74种，占总保护区内鸟类总种数的49.33%。甘肃省重点保护野生鸟类2种，占保护区内鸟类总种数的1.3%。其中被列入中国生物多样性红色名录（环境保护部，2015）的鸟类共有23种，占总保护区鸟类总种数的15.3%。包括易危种（VU）有白尾海雕、草原雕、金雕、大鵟、黑颈鹤、黑尾地鸦6种；濒危种（EN）有白肩雕、山麻雀、猎隼3种；近危种（NT）有大天鹅、白尾鹞、秃鹫、胡兀鹫、高山兀鹫、苍鹰、棕尾鵟、灰背隼、喜马拉雅雪鸡、藏雪鸡、雕鸮、短耳鸮、拟大朱雀、白眉山雀14种。列入濒危物种国际贸易公约附录Ⅰ的物种有黑颈鹤、藏雪鸡、白肩雕、白尾海雕4种；列入附录Ⅱ的物种有鸮形目的雕鸮、长耳鸮、短耳鸮、纵纹腹小鸮，隼形目的金雕、胡兀鹫、白尾鹞、黑鸢、秃鹫、高山兀鹫、雀鹰、苍鹰、棕尾鵟、普通鵟、大鵟、草原雕、猎隼、红隼、灰背隼、燕隼20种（CITES，2017）。

表4-6 甘肃安南坝野骆驼国家级自然保护区国家、省级重点保护鸟类

物种	保护级别
金雕 Aquila chrysaetos	I
白肩雕 Aquila heliaca	I
白尾海雕 Haliaeetus albicilla	I
胡兀鹫 Gypaetus barbatus	I
黑颈鹤 Grus nigricollis	I
秃鹫 Aegypius monachus	I
草原雕 Aquila nipalensis	I
猎隼 Falco cherrug	I
黑鸢 Milvus migrans	II
高山兀鹫 Gyps himalayensis	II
雀鹰 Accipiter nisus	II
苍鹰 Accipiter gentilis	II
棕尾鵟 Buteo rufinus	II
普通鵟 Buteo buteo	II
大鵟 Buteo hemilasius	II
红隼 Falco tinnunculus	II
灰背隼 Falco columbarius	II
燕隼 Falco subbuteo	II
大天鹅 Cygnus Cygnus	II
喜马拉雅雪鸡 Tetraogallus himalayensis	II
藏雪鸡 Tetraogallus tibetanus	II
雕鸮 Bubo bubo	II
长耳鸮 Asio otus	II
短耳鸮 Asio flammeus	II
纵纹腹小鸮 Athene noctua	II
云雀 Alauda arcensis	II
白眉山雀 Parus superciliosus	II
黑尾地鸦 Podoces hendersoni	II
红交嘴雀 Loxia curvirdstra	II
大白鹭 Egretta alba	Sz
渡鸦 Corvus corax	Sz

注：I、II、Sz 分别代表国家I级、II级重点保护野生动物和甘肃省重点保护野生动物。

4.6 与毗邻保护区的比较

为了更客观地反映安南坝保护区鸟类区系情况，将其与新疆罗布泊、敦煌西湖保护区鸟类组成进行了对比（见表4-7）。

安南坝保护区北部与敦煌西湖保护区毗邻，然而西湖有更多的水体景观，安南坝保护区的海拔也较敦煌西湖保护区高，两者的鸟种类差异更加明显，它们的种类组成相似性仅在50.2%。其表现在：敦煌西湖保护区有68种鸟类（54种非雀形目鸟类）不分布在安南坝保护区；而安南坝保护区有77种鸟类（63种雀形目鸟类）不分布在敦煌西湖保护区。这些差异最明显的是敦煌西湖保护区有疏勒河、党河等较大河流，吸引众多水禽、涉禽在此活动、甚至越冬，敦煌西湖保护区比安南坝保护区多出水禽、涉禽47种；而安南坝保护区只有黑颈鹤在敦煌西湖保护区没有；同时，安南坝保护区南部是阿尔金山，相对海拔比较高，具有众多耐寒的高原鸟类，比如雪鸡、高原山鹑、黑颈鹤、雪雀等等。

表4-7 甘肃安南坝国家级自然保护区与毗邻自然保护区鸟类区系组成

保护区	物种组成		
	目	科	种
安南坝	13	33	150
罗布泊	19	46	197
敦煌西湖	17	38	141

尽管安南坝保护区与罗布泊保护区毗邻，都有沙漠、戈壁、高山这样的景观，都以保护野骆驼为主要目标，然而两者的鸟种类存在明显的不同，二者的差异鸟类在157种，它们的种类组成相似性仅在54.8%。其表现在：罗布泊保护区有102种鸟类（40种雀形目鸟类）不分布在安南坝保护区；而安南坝保护区有55种鸟类（45种雀形目鸟类）不分布在罗布泊保护区。这些差异最明显的是罗布泊保护区水域面积均比较大，有44种水禽、涉禽分布在罗布泊；而安南坝保护区只有小田鸡在罗布泊保护区没有。当然，还有一个问题应当是罗布泊保护区的鸟类调查可能还不充分，其鸟类数量应远远大于安南坝保护区。总之，二者的景观多样、地理位置的不同，都反映出地理条件对鸟类的分布具有重要影响。

第五章 爬行动物

爬行类在外形上具有陆栖脊椎动物的典型结构，身体一般由头、颈、躯干、四肢和尾组成。体表被以角质鳞，指（趾）端具爪是其在外形上与两栖类的根本区别。为适应不同的生活环境，爬行动物的体形向多样化发展，可分成3种类型：龟鳖型、蛇型和蜥蜴型。安南坝蛇类比较少，蜥蜴类种类相对丰富，沙蜥、麻蜥是易见的种类，它们具有一系列适应荒漠、半荒漠的形态特征与行为。爬行动物是荒漠脊椎动物中的主要类群之一，其处于生态系统营养级的中间层，在抑制植被虫害和鼠害、维持该生态系统平衡中起着不可替代的作用。

5.1 区系组成

安南坝保护区有爬行动物10种，隶属2目6科7属（见表5-1），全部为古北界物种，占甘肃省爬行动物总种数的17.54%（王香亭，1991）。在爬行动物中，蜥蜴目6种，占总种数的10%；蛇目4种，占总种数的40%。与兰州大学等（2002）编制的保护区综合考察爬行类名录（2目5科7种）比较，本次新增爬行类3种，即西域沙虎（*Teratoscincus przewalskii*）、变色沙蜥（*Phrynocephalus versicolor*）和白条锦蛇（*Elaphe dione*）。

本保护区爬行动物区系组成（见表5-1）特征为：

含属数较多的科为爬行动物的游蛇科，2属2种，其余均为1属，而球趾虎科、蟒科、蝰科均为单属单种的类群。含种数较多的科依次为：鬣蜥科（3种），游蛇科和蜥蜴科（各2种），其余3科均为单科单种的种类。依据所获标本数量及野外遇见频次，鬣蜥科3种沙蜥及密点麻蜥最容易见到，分布相对广泛，但分布的海拔高度有所差异；西域沙虎、东方沙蟒分布区域相对狭窄，只能在特定区域遇见；同时蛇类遇见频率最低，数量最少。

5.2 区系特征

通过整理和分析，安南坝保护区爬行动物类群全部属于古北界物种，动物区系结构简单，在整体上主要由中亚型成分组成。相对鸟兽而言，爬行动物活动能力较弱，对小环境的依赖性较高，而且中亚大陆性气候及地貌对爬行类分布具有明显的阻隔作用。

表5-1 甘肃安南坝野骆驼国家自然保护区爬行动物分布类型

目、科	种	分布	中国生物多样性红色名录	分布型	区系类型	保护级别
Ⅰ 蜥蜴目 LACETIFORMES						
1.球趾虎科 Sphaerodactylidae	西域沙虎 *Teratoscincus przewalskii*	小多坝沟	NT	D	古	Sy
2.鬣蜥科 Agamidae	叶城沙蜥 *Phrynocephalus axillaris*	黄羊沟、小多坝沟		D	古	Sy
	青海沙蜥 *Phrynocephalus vlangalii**	苦水河、安南坝		P	古	Sy
	变色沙蜥 *Phrynocephalus versicolor*	乌什喀特		D	古	Sy
3.蜥蜴科 Lacertidae	虫纹麻蜥 *Eremias vermiculata*	小多坝沟		D	古	Sy
	密点麻蜥 *Eremias multiocellata*	安南坝		D	古	Sy
Ⅱ 蛇目 SERPENTIFORMES						
4.蟒科 Boidae	东方沙蟒 *Eryx tataricus*	黄羊沟	VU	D	古	Ⅱ
5.游蛇科 Colubridae	白条锦蛇 *Elaphe dione*	安南坝		U	古	Sy
	花条蛇 *Psammophis lineolatus*	安南坝		D	古	Sy
6.蝰科 Viperidae	阿拉善蝮 *Gloydius cognatus*	安南坝	NT	D	古	Sy

注：①分布型：U，古北型；D，中亚型；P，高地型。②保护级别：Sy，国家保护的有益的或者有重要经济、科学研究价值的陆生野生动物。③野生动物濒危评估等级：VU，易危；NT，近危。④"*"代表中国特有种。

从全国蒙新区动物成分来看，爬行类区系在整体上主要由中亚干旱型成分所组成，其次为北方型，高地型的种类比例较少（张荣祖，2002）。本保护区内中亚型成分为8种，古北型和高地型各占1种；高地型的青海沙蜥在此分布，也反映了本保护区动物地理区划主要处于蒙新区，但又向青藏区过渡这样的一个事实。其中，白条锦蛇堪称为蒙新区荒漠-草原的代表种类，其沿比较湿润的草原（东部）与山地（西部），扩展其分布而见于蒙新区的东西两端。西域沙虎只分布于我国西部和蒙古。沙蜥种类密集中心在塔里木盆地及其附近的典型沙质与砾质荒漠。

5.3 分布特征

一般来讲，爬行动物区系随水热、土壤、植被、人类社会因素等自然要素发生较为深刻的地带性变化。本保护区为阿尔金山北坡，垂直区间跨度大，爬行动物的垂直替代明显。同时，受制于对小生境条件的需求不同，特别是水源的分布，爬行动物分布在水平生境的异质性方面也有差异。

蜥蜴是荒漠动物区系中的重要成分之一，不仅种类多、数量大，而且分化十分明显。它们取食昆虫，甚至取食少量植物的叶片、种子，通过自身的结构、行为方式变化，以完成对干旱完全适应的特殊类群。调查发现保护区有6种蜥蜴，即西域沙虎、虫纹麻蜥、密点麻蜥、叶城沙蜥、变色沙蜥和青海沙蜥。

西域沙虎栖息于保护区低海拔的干旱戈壁砾石沙地，有时也见于固定沙丘、半流沙地带和开垦地附近的戈壁滩上，主要活动于小多坝沟和多坝沟。叶城沙蜥栖息的海拔高度与西域沙虎相似，栖于戈壁荒漠或沙漠边缘地带固定沙丘的丘间平地。白天活动，分布于冬格列克的黄羊沟沙漠边缘，以及小多坝沟和多坝沟。

变色沙蜥栖于干旱的荒漠、半荒漠以及与干草原交界的边缘地区，集群而居，筑穴于稀疏的灌丛或草下较结实的沙丘上。在安南坝保护区，变色沙蜥分布的海拔范围相对较大，但垂直高度高于叶城沙蜥，其分布于乌什喀特、安南坝保护站周围，在阿尔金山山前平滩上最容易遇到，密度是比较高的。相对青海沙蜥，变色沙蜥，叶城沙蜥的栖息地灌丛更加稀疏；并且叶城沙蜥分布的海拔更低（1000m），常和虫蚊麻蜥、密点麻蜥及西域沙虎杂处。

青海沙蜥属于高寒类群，生活于青藏高原干旱地带以及镶嵌在草甸草原之间的沙地和丘状高地，从海拔1000m的河西走廊至4000m以上的高山草原均有分布。在安南坝保护区，青海沙蜥主要活动于安南坝、苦水河等海拔2000m以上地区，常在合头草群落里活动。为适应高寒草原，青海沙蜥雄性腹面常具有大块黑斑，有利于吸收地面反射的辐射热；不同于其他沙蜥蜴的卵生，它发展为卵胎生，降低了卵在外部环境的低温打击。

密点麻蜥是麻蜥中分布最广的种类，主要栖息于荒漠草原和荒漠，常与各种麻蜥、沙蜥、漠虎、沙虎等同栖一地，生活在沙漠、草原、山地灌丛或岩石缝间。保护区境内分布于安南坝保护站周围，常和青海沙蜥混杂；在保护区外的当金山南坡平缓山坡上、苏干湖沼泽草甸长芦苇的小土丘上，也可大量见到密点麻蜥。

虫纹麻蜥栖息于低海拔的荒漠梭梭林中的固定沙丘上，或农田附近的沙丘地或草丛地带。保护区分布于小多坝沟和多坝沟周围，见于白刺群落。

安南坝保护区境内蛇类仅有4种，且数量非常少。东方沙蟒生活于低海拔的半荒漠或荒漠地带，穴居，晨昏及夜间活动，能在沙面下自由移动，分布于卡拉塔什塔格山和大、小红山以北的库姆塔格沙漠。白条锦蛇、花条蛇生活于流动沙丘、半固定沙丘、荒漠地带，白天活动于地面或灌丛，见于安南坝山。阿拉善蝮栖息海拔范围比较大，海拔1100~2400m的地势起伏较大的山地及荒漠、半荒漠地带都可见到，2018年7月见于安南坝山坡的合头草群落中。

5.4 珍稀、濒危的爬行类

安南坝保护区分布的中国特有种非常少，仅青海沙蜥1种，占到保护区该类群总种数的10%。

本保护区仅有东方沙蟒1种国家二级保护动物、缺少重点保护的爬行类，也无濒危物种国际贸易公约（CITES，2017）附录物种。但是保护区其余9个物种均为"三有"动物（国家保护的有益的或者有重要经济、科学研究价值的动物）（见表5-1）。保护区分布的爬行类列入中国生物多样性红色名录的种类包括易危（VU）物种东方沙蟒、近危（NT）物种西域沙虎和阿拉善蝮。

5.5 与毗邻保护区的比较

为了客观地反映本保护区两栖、爬行动物区系情况，将其与周围2个自然保护区的两栖爬行动物区系组成及成分进行了对比。①安南坝保护区水源相对贫乏，而且为季节性河流，盐度比较高，因此没有两栖类分布。而罗布泊保护区存在比较耐旱的塔里木蟾蜍，敦煌西湖保护区所处海拔相对低，且水源相对丰富，某些区域还有绿洲，所以分布有相对喜湿的花背蟾蜍和中国林蛙2种。②3个保护区都处在蒙新区，受制于水分因子的限制，爬行类大致组成比较接近，动物区系主要由中亚干旱型成分组成，表现出它们对典型沙质与砾质荒漠的适应。安南坝保护区北部与敦煌西湖保护区接壤，两者的爬行类种类组成相似性在69.6%。其原因在于敦煌西湖保护区有更多的水体景观（疏勒河、党河）和相对较低的海拔，因此有更为丰富的蜥蜴类；而安南坝保护区南部是高大的阿尔金山，具有耐寒的青海沙蜥等高原蜥蜴类。安南坝保护区与罗布泊保护区毗邻，都有沙漠、戈壁、高山这样的景观，它们的种类组成相似性在69.2%。二者的差异主要在鬣蜥科种类上，罗布泊保护区有更为丰富的沙蜥。总之，景观多样、地理位置的不同，都反映出地理条件对爬行类分布的影响（见表5-2）。

表5-2 甘肃安南坝野骆驼国家级自然保护区与邻近自然保护区爬行动物组成

保护区	物种组成		
	目	科	种
安南坝	2	6	10
罗布泊	2	6	16
敦煌西湖	2	7	13

第六章　中国野骆驼研究与保护进展

野骆驼（*Camelus ferus*）又名哈布塔盖（蒙古语）、野双峰驼，为偶蹄目、骆驼科（*Camelidae*）、骆驼属（*Camelus*）动物，是我国荒漠生态系统的典型性、代表性的大型、珍稀的偶蹄类动物。我国《国家重点保护野生动物名录》中将野骆驼列为Ⅰ级保护动物，国际自然保护联盟（IUCN）2002年发表的红皮书中将其列为极度濒危物种。目前，我国已建立了2个保护野骆驼的国家级自然保护区，即新疆罗布泊野骆驼国家级自然保护区和甘肃安南坝野骆驼国家级自然保护区。

6.1　调查研究简史

关于国内野骆驼野外生态学和生物性特性的研究报道还非常少，对其确切分布区、行为、家域范围、社群结构、种群遗传结构和野外繁殖等信息了解相对甚少，主要是因为野骆驼是亚洲中部对极端干旱环境具有高度适应性的动物，其生性机警，多栖息于荒漠、半荒漠等恶劣环境和无人区，野外开展研究非常困难。国内野骆驼的考察研究始于新中国成立。20世纪50年代，野骆驼见于青海柴达木盆地西隅阿拉尔至阿尔金山山麓地区，甘肃的河西走廊偏西、北地区，新疆东南部。随后分布区不断缩小。根据文献和网络新闻报道，近40年来各有关单位密切关注野骆驼的生存状况，从地方政府到自然保护区管理局，从科研院所到中外基金会进行了10多次的野骆驼科考（见表6-1），积累了大量的有关野骆驼种群数量、分布、行为、食性、栖息环境、种群生态学等数据。特别是2000年左右的第一次全国野生动物常规调查，明确了野骆驼的实际分布区和种群数量（国家林业局，2009）。

6.2 分布

6.2.1 历史分布

骆驼科动物起源于4000万～4500万年始新世时期的北美洲，在1100万年前分化成骆驼族和羊驼族2个类群（Harrison，1979；Lavallee et al，1986）。骆驼族约在第三纪晚期和第四纪的早更新世初期从北美迁移，经白令海峡原有的陆桥，到亚洲、西亚和北非分别成为双峰驼和单峰驼（张勇等，2008）。

表6-1 近40年来野骆驼种群野外调查工作统计表

时间	考察项目	地点
1975年9~10月	甘肃阿克塞县境珍贵动物资源调查	阿克塞县
1980~1981年	罗布泊综合科学考察（中国科学院新疆分院主持，新疆生物土壤沙漠研究所、新疆地理研究所、新疆化学研究所等参与）	罗布泊
1981~1983年	中国野马、野骆驼考察研究（新疆生物土壤沙漠研究所、北京动物研究所主持）	新疆
1991年	塔克拉玛干沙漠综合科学考察	塔克拉玛干沙漠
1991~1992年冬春	塔克拉玛干沙漠东部野骆驼现状实地考察（野生双峰驼种群状况与保护措施研究项目小组）	塔克拉玛干沙漠东部
1995~1999年	新疆罗布泊野骆驼分布及生存环境状况考察（联合国环境规划署官员海尔与新疆环境保护研究所袁国映等合作，4次组织考察队，6次进入罗布泊无人区及相关地区）	罗布泊无人区及相关地区
1997年	中日塔克拉玛干沙漠徒步科学探险	塔克拉玛干沙漠
2000年	安南坝保护区综合科学考察（安南坝保护区管理局主持）	安南坝保护区
2002年12月8日	罗布泊北戈壁腹地调查（鄯善县委、县政府的15人考察队）	罗布泊北戈壁
2003年	甘肃西湖保护区综合科学考察（西湖保护区管理局主持）	西湖保护区
2004年9月中旬	库姆塔格沙漠科学考察	库姆塔格沙漠
2005年10月	中、英、蒙三国罗布泊野骆驼考察（国际野骆驼保护基金会和新疆罗布泊野骆驼自然保护区管理中心组织）	阿尔金山、库姆苏
2010年	罗布泊保护区综合科学考察（罗布泊保护区管理局主持）	罗布泊保护区
2011年11月	中蒙野骆驼种群数量和迁徙规律研究（中国林科院主持）	库姆塔格沙漠和塔克拉玛干沙漠
2011年4月19日至5月2日	中外专家科考	噶顺戈壁
2011年4月10日至5月3日	环塔里木区域内野骆驼分布的考察（英国野骆驼保护基金会）	环塔里木区域
2015年4月，8月	中国野骆驼资源及栖息地调查（西北农林科技大学主持）	哈密、库姆塔格沙漠、塔克拉玛干沙漠等

野骆驼的历史分布相当广泛，500年前，宋代李时珍在本草纲目中记载："野驼，唯西北有之。"200年前，野骆驼活动于整个中亚到西亚东部的低海拔丘陵及平原区，东达陕西黄河，西到里海，北至贝加尔湖，南到青藏高原北部，野骆驼总数量约在10000峰以上（袁国映等，1999）。随着环境的变迁、人为活动等各种因素的影响，野骆驼的分布空间不断缩小，退却到蒙古国的外阿尔泰戈壁和我国的新疆、甘肃荒漠地带。

国内野骆驼的考察研究始于新中国成立。20世纪50年代，野骆驼见于青海柴达木盆地西隅阿拉尔至阿尔金山山麓地区，甘肃的河西走廊偏西、北地区，新疆东南部。到了八十年代，分布区缩小到新疆塔克拉玛干沙漠中部、罗布泊北部、阿尔金山北麓和蒙古国西南部与我国新疆、甘肃、内蒙古交界的边境线上，全世界野骆驼种群数量估计在2500~3000峰，我国境内约有1000峰左右，罗布泊北部区域应有800峰左右（谷景和和高行宜，1987；谷景和等，1991）。

第一次全国野生动物调查表明，野骆驼分布区继续缩小，为新疆罗布泊北部噶顺戈壁、阿尔金山北麓及阿奇克谷地、塔克拉玛干沙漠和与蒙古国外阿尔泰戈壁交界的新疆、甘肃、内蒙古一线，这也是目前我国仅存的4个野骆驼分布区域（国家林业局，2009）。在蒙古国，野骆驼主要分布在外戈壁，历史种群数量也是不断变化。

6.2.2 分布现状

第二次全国野生动物调查表明，野骆驼主要分布区在新疆，其次在甘肃、内蒙古的荒漠地带，涵盖2市1旗8县，涉及新疆伊吾县、哈密市、于田县、民丰县、且末县、沙雅县、若羌县，甘肃的敦煌市、肃北县飞地（马鬃山）、阿克塞县，内蒙古的额济纳旗。地理坐标区间为北纬38°~43°，东经81°~98°之间。分布面积约1011.6万hm^2，其中塔克拉玛干沙漠分布面积378万hm^2、敦煌西湖保区及其周边分布面积54万hm^2、安南坝保护区及其周边分布面积39.6万hm^2、罗布泊保护区及其周边分布面积378万hm^2、北山山地分布面积162万hm^2。按照自然地理区划，野骆驼分布在6个地理单元：库姆塔格沙漠、罗布泊、北山山地北部和西南缘、吐鲁番盆地南缘、昆仑山北坡–新疆的东北缘、塔克拉玛干沙漠中部和东南部，其分布由南向北呈现数量由高到低的趋势。

从野骆驼分布的地理格局上看，明显可以分为3个区域。西部在塔克拉玛干沙漠，主要集中在沙雅、于田两县交汇处，即沙漠的腹中，沙漠公路西侧（轮台县到民丰县）及小部分在沙漠公路东侧，栖息地面积约330万hm^2；中部主要集中分布在新疆罗布泊野骆驼国家级自然保护区、甘肃安南坝野骆驼国家级自然保护区和甘肃敦煌西湖国家级自然保护区境内,即罗布泊、库姆塔格沙漠周围,以及阿尔金山山地北侧,栖息地面积约437万hm²;东部主要集中在伊吾县、肃北县飞地(马鬃山)、内蒙古额济纳旗西北部与外蒙古接壤的边境线上,栖息地面积约101万hm²。

与1995~2005年第一次全国野生动物资源调查的野骆驼分布调查结果相比,本次调查发现在县域水平上野骆驼分布区有所变化。其中增加了甘肃肃北县飞地(马鬃山)和阿克塞县,新疆的伊吾县、于田县、民丰县、且末县;新疆轮台、阿克苏、阿瓦提、尉犁、鄯善县未发现,说明野骆驼的主分布区明显有南移现象,且分布的时空都发生了变化。

北山山地野骆驼分布区面积骤减,主要沿中蒙边境约10km范围内,并且在界碑一线上能够发现野骆驼;塔克拉玛干沙漠野骆驼分布面积也在减少,主要集中在沙漠腹中,轮台到民丰沙漠公路的西边;罗布泊、安南坝和西湖保护区的野骆驼分布面积也有所缩小,主要集中在库姆塔格沙漠周边和阿尔金山一带,磁海低地也有少量分布,而吐鲁番盆地已无野骆驼活动。

6.3 数量变化

200年前,野骆驼活动于整个中亚到西亚东部至青藏高原北部,总数量约在10000峰以上(袁国映等,1999);20世纪80年代,分布区缩小到新疆、甘肃、内蒙古及与外蒙古交界的边境线上,全世界野骆驼种群数量估计在2500~3000峰,我国境内约有1000峰左右,罗布泊北部区域应有800峰左右(谷景和和高行宜,1987;谷景和等,1991)。

第一次全国野生动物调查表明,野骆驼种群数量急剧下降,全世界种群数量在760~880峰,我国约有580峰野骆驼,其中,罗布泊北部噶顺戈壁有80~100峰,阿尔金山北麓及阿奇克谷地有260~340峰,塔克拉玛干沙漠有40~60峰,中蒙边境约有380峰(兰新等,1998;袁国映等,1997;郑昌琳,见:汪松,1998;Yuan et al,2002)。

在蒙古国,野骆驼主要分布在外戈壁,历史种群数量也在不断变化。1943年约为300峰,1959~1960年为400~500峰,1974年为900峰(Bannikov,1976),1976年为400~700峰(Dash et al,1977),1980~1981年为500~800峰(Zhirnov et al,1986),1982~1988年为520~555峰,1989年为480峰,90年代末约为380峰(尔英德拉等,2000)。

按照中国开展第二次全国野生动物调查的要求,调查队于2015~2018年对野骆驼种群资源进行抽样调查,发现野骆驼实体18群149峰(包含3峰尸体),此为全国野骆驼数量的下限，事实上真实数据远远大于这个数量。根据三省行政区划野骆驼的数量，甘肃为165~231峰，新疆总数为602~965峰，内蒙古为6峰，合计全国总数量为773~1202峰，平均数量约988峰，分布面积1011.6万hm^2，密度为$9.77×10^{-5}$峰/hm^2。

6.4 栖息地选择

野生双峰驼的栖息地表现为亚洲中部极端干旱区域植被稀疏、零星散布、有高矿化度水源的荒漠。野骆驼在分布区内的移动与决定其生存的主导因子（水源及作为食物来源的植被）在分布区内的分布状况密切相关，特别是水源的分布。植被的分布限于水源地周围及季节性洪水汇集地带，而呈不连续的斑块状分布。因此，野骆驼的栖息地也呈块状"镶嵌"在分布区中，被无植被的裸地、较高大的山丘、盐壳、沙丘等切割呈不连续的分布而构成生境岛屿化状态。零星散布的水源，使每个水源周围形成了以该水源为核心的生境岛群，同一生境岛群的野骆驼亦都依赖于该水源（袁磊 等，1999）。

极端干旱条件造成食物资源的匮乏，使野骆驼只有在分布区内各生境岛之间及各生境岛群之间的不断移动才能充分利用极其有限的生存资源。野骆驼经常沿着固定路线，回旋于生境岛群之间，或远离水源的觅食地与水源之间，久之，在地表形成了明显而光滑的兽径——野骆驼道。驼道可认为是连接各生境岛群之间及远离水源的栖息地与水源之间的纽带，类似于牧业的转场牧道。驼道在栖息的分割带——较平坦的无植被地带最典型，呈整齐划一的带状，而到了各生境岛群（有植被分布）或水源地后，驼道解体，足印无规律地散布于各生境岛中或水源地四周。

野骆驼宽阔的盘状足垫及其自身负荷较大的身躯，使其适于在较松软、较平坦的地面上行走。因此，分布区内的地形条件影响着野骆驼的活动习性。在坡度较大、地表因强烈风蚀而粗糙坚硬的山丘地带或岩石裸露的山谷地带，即使有可利用的植物分布，也不见其丝毫活动痕迹，更不用说类似这样的微地形且无植被分布的地带，如遍布坚硬而锋利盐壳的积盐地。

在噶顺戈壁某些地表粗糙的砾漠地带，经常可见驼印位于原先汽车碾压过的车道上。在噶顺戈壁分布区，个别水源位于狭窄的山谷中（如帕尔岗塔格一水源地），岩化地面坚硬不平，很不适于野驼行走，但这却是野骆驼在噶顺戈壁分布区西部的重要水源地之一。由此可见，地形条件虽然可制约野骆驼对觅食地的选择，但由于水源更匮乏，是影响其生存的首要因子，在其能利用的前提下，地形因子对其饮水活动的制约远小于对觅食地的选择。

第二次全国野生动物调查表明，野骆驼主要栖息在海拔815~2963m的平原、中低山丘陵地带，包括起伏不大的荒漠、戈壁、沙漠、丘陵。96.7%的发现点坡度为平坡（0°~5°），偶尔野骆驼在15°~20°的坡度活动；81.7%的发现点坡位为平地（0°），13.3%和5%的发现点坡位为山谷和下坡；95%的发现点坡向为0，其余朝向为南、北、东坡。野骆驼栖息地面积868万hm²，其中盐柴类半灌木、小半灌木荒漠是野骆驼的主要栖息地。野骆驼偏爱荒漠，喜欢在盐柴类半灌木、小半灌木荒漠、荒漠河岸林（胡杨）、沙生灌木荒漠（柽柳）生境，以及沼泽草甸（芦苇）生境中活动。事实上，在野骆驼分布区内小乔木荒漠（梭梭）也是野骆驼栖息的生境。

6.5 生态习性

6.5.1 分类地位

关于双峰野骆驼的分类地位一直存在争议，1758年林奈按家养双峰驼命名为 *Camelus bactrianus*。1883年俄国普尔热瓦尔斯基对罗布泊的野生双峰驼定名为双峰驼亚种 *Camelus bactrianus ferus* Przewalskii（袁国映等，2000）。袁国映认为野生双峰驼应为独立种，其证据在于通过对野骆驼血样的遗传分析，其与家双峰驼的基因差异高达2%~3%（袁国映，1997；Han et al，1999）。2003年IUCN宣布野骆驼为独立的物种，其拉丁名由 *Camelus bactrianus ferus* 更改为 *Camelus ferus*，2008年袁国映提出应重新命名为 *Camelus lopnur*（袁国映和张宇，2012）。然而，Ji等（2008）采用系统发生学方法研究了野骆驼和家骆驼的起源和进化关系，认为家骆驼和野骆驼的基因差异并没有达到种间差异，应该是双峰驼的两个亚种。张勇等（2008）认为双峰驼的驯养大概开始于5000~6000年前，如此短的时间不足以使家养双峰驼和野双峰驼之间形成超越种内差异的分化。

6.5.2 形态特征

野骆驼体长320~350cm，肩高160~180cm，体重450~680kg。头小，颈长且向上弯曲；耳朵比较短小，头骨多凹凸不平，特别是雄驼更为明显，头较小，吻部较短，鼻梁平直，脑量相对较小；背上有2个矮小的驼峰，坚实硬挺且不倒垂，呈圆锥形，峰顶的毛短而稀疏；尾巴较短，生有短绒毛；体色金黄色到深褐色，以股部为最深；冬季颈部和驼峰丛生长毛；四肢细长，蹄盘较小，适于快速奔跑，速度可达每小时50km。

在野外调查时，需要注意如何区分双峰野骆驼和家骆驼。①家骆驼体色分黄、白、灰、枣红、黑（针毛是黑色）5色；野骆驼体色为单一的灰色或黄褐色。②家骆驼的绒毛粗而长，额头上有一撮长针毛；野骆驼的绒毛细而短，尤其是鬃毛非常稀，额头上没有针毛。③家骆驼的双峰呈波浪状，膘肥时粗壮高大，瘦弱时向左右两侧倒伏；野骆驼的双峰尖而短，呈圆锥体，峰距较远；膘肥时显得更坚硬，瘦弱时双峰细而小，不倒伏。④家骆驼的脚掌呈圆形，脚趾甲秃；野骆驼的脚掌呈椭圆形，脚趾甲特别尖。⑤家骆驼躯体稍矮，比较肥胖；野骆驼外形高大、健壮。⑥家骆驼驼性情温顺，不怕人；野骆驼生性机警，看见人就发足狂奔，奔跑速度快。⑦家骆驼的组群一般为20只左右，多则近100只，出牧时由公骆驼护群；公野骆驼在发情期与母野骆驼及幼驼合群，之后，公母分群（斯迪，2004）。另外，20世纪六七十年代公野骆驼与家骆驼交配产子的情况时有发生，杂交驼的形态特点表现在毛色灰或黄；身躯细高，显得"苗条"；速度快、耐力强（斯迪，2004）。

野骆驼（♀）　　　　　家骆驼（♀）　　　　　野骆驼（♂）

图6-1　野骆驼与家骆驼的形态特征

6.5.3 生活习性

食性：目前我国野骆驼的栖息生境为干草原、山地荒漠半荒漠和干旱灌丛地带，向上分布可超过海拔4000m。野骆驼充分利用各生境中不同类型的植物资源，取食多种荒漠植物，包括有刺的树木、灌丛及盐生植物如芦苇、梭梭、锦鸡儿、红砂、沙拐枣和木本猪毛菜（*Salsola arbuscula*）（Tulgat et al, 1992）。在中蒙边境，单子叶植物针茅（*Stipa capillata*）分布较广，野骆驼优先选择其作为主要食物；而在戛顺戈壁、阿尔金山北麓和塔克拉玛干沙漠，野骆驼取食26种植物，均表现出主要选择芦苇、白刺、泡泡刺（*Nitraria sphaerocarpa*）、骆驼刺（*Alhagi sparsifolium*）和木本盐柴类（张莉和袁磊，1996）。除了上述植物种类，丁峰等（2008）记录库姆塔格沙漠地区可食用植物34种，野骆驼优先采食植物有芦苇、叉枝鸦葱（*Scorzoner adivaricata*）、芨芨草、骆驼刺、白刺、盐生草（*Halogeton lomeratus*）、沙拐枣、骆驼蹄瓣（*Zygophyllum fabago*）。陈钧（1984）还曾记录阿尔金山北麓安南坝保护区的野骆驼也较多取食猪毛菜（*Salsola collina*）、珍珠（*Salsola passerina*）、野葱（*Allium spp.*）和梭梭。同时，各分布区的野骆驼拒绝或偶尔取食麻黄（*Ephedra intermedia*）、合头草、霸王、假木贼（*Anabasis salsa*）等植物（张莉和袁磊，1996）。

饮水：野骆驼高效调节水分的生理结构使其能适应气候极端干旱和水源缺乏的恶劣环境。泉水是野骆驼荒漠生存的决定性因素。在库姆塔格沙漠边缘，西部地区水量少而不稳定，水体矿化度高；东部地区水系有稳定的冰雪融水的补给，矿化度也相对较低（库姆塔格沙漠综合科学考察队，2012）。相对应，野骆驼在库姆塔格沙漠东部和中部的数量也明显多于西部。野骆驼对饮用水盐分浓度没有严格的限制，各生境中水体均能满足野骆驼的生理需要。蒙古戈壁公园的水源均为淡水，阿克奇谷地新八一泉水的矿化度为5.24×10^4 mg/L，阿尔金山北麓的红沟泉、拉配泉、黑大阪和库姆苏泉水的矿化度分别为1.15×10^3 mg/L、3.58×10^3 mg/L、1.97×10^3 mg/L和3.86×10^3 mg/L，敦煌西湖保护区的湾腰墩区域内的水体矿化度为4.94×10^3 mg/L（库姆塔格沙漠综考，2012；袁国映和张宇，2012），北山野骆驼的饮用水为几近饱和的苦咸水（吴三雄和袁海峰，2010；萨根古丽 等，2012）。

野骆驼饮水有一定的规律，白天和夜间各有一次饮水高峰；野骆驼在一年中不同月份对水源的依赖程度也有差异，2~4月份和7月份对水源地的依赖最高，8月份和9月份对水源地的依赖最低（杨海龙，2011）。野骆驼对水源的依赖度与食物含水量相关。野骆驼在夏季很少饮水，其通过摄取幼嫩、多汁植物基本能够满足自身的水分需求，这期间野骆驼的活动范围较大，可以利用离水源较远的生境。秋后，植物中的水分无法满足野骆驼的基本需要，因此野骆驼对水源的依赖度增高，必须1个星期喝1次水。冬季和初春，野骆驼对水源的依存度最高，其嗅觉极其灵敏，能感受到几公里外水源的存在，在无积雪的年份，水源干涸可能导致其死亡。在八一泉及戛顺戈壁西部干涸的泉眼旁均发现野骆驼的尸骸。通过安南坝保护区胡杨泉的红外相机监测记录，野骆驼2~5月在泉眼周围活动频繁，11~1月活动的频次相对春季较少，这也反映了野骆驼产羔季节对水源的强烈需求，或者这种现象主要和幼驼需求有关。

迁移行为：关于野骆驼的季节性迁徙，说法不一，多数的公开文献报道认为野骆驼存在季节性迁徙，表现为在不同生境岛群间的移动。在塔克拉玛干沙漠分布区，野骆驼种群在历史上形成了沿西南流向东北入塔里木河的古克里雅河道来回迁移的习性：夏季在克里雅河下游沼泽地附近活动，冬季在尉犁东合塘西南部的塔里木河道一带活动；在戛顺戈壁地区，野骆驼冬季也会迁移到罗布泊南岸的阿奇克谷地和相邻的西湖湿地，集中在丘陵之间的干沟和低洼盆地（袁国映和张宇，2012）。在库姆塔格沙漠地区，野骆驼迁徙主要是在南部阿尔金山到北面阿奇克谷地间进行，春夏季节沿着山谷迁往阿尔金山海拔较高处活动，秋冬季节在海拔较低的阿奇克谷地、库姆塔格沙漠边缘、敦煌西湖保护区、罗布泊南岸的科什兰孜至拉乌子的芦苇分布区活动；在中蒙边境阿尔泰戈壁分布区，野骆驼形成春季向北山地迁移，秋冬向南迁移的习惯（袁国映和张宇，2012）。

吴三雄和袁海峰（2010）提出异议，认为罗布泊地区和阿尔金山的野骆驼分布区存在着地理隔离，峡谷驼道足迹的方向性没有明显的季节规律，野骆驼种群在分布区内垂直或水平移动不属于地理区间的迁徙，野骆驼的季节迁徙不存在。在库姆塔格沙漠东缘敦煌西湖保护区，2003~2009年的不完全统计表明，野骆驼在敦煌西湖保护区不同季节均可见到，没有体现春夏季都迁往阿尔金山这样的规律可循（吴三雄和袁海峰，2010）。

安南坝保护区在库姆塔格沙漠南缘胡杨泉设置红外相机，2013年3月19日至5月10日、2013年11月19日至2014年2月27日以及2014年4月26日至6月27日的监测表明，野骆驼2~5月在泉眼周围活动频繁，并且群体规模在1~30只左右；11~1月活动的频次相对春季较少，群体规模也小，大约1~10只左右。上述说明，野骆驼春、夏、冬一直在库姆塔格沙漠南缘活动，没有表现出非常明显的群体全部迁移他处的现象。2015年4月的调查中发现，阿奇克谷地新八一泉附近有大量野骆驼的足迹和陈旧粪便，以及1具野骆驼尸体，说明至少在2~3月份野骆驼在此活动。当地捡石头的人也证明，五一前后没有野骆驼在此活动，这可能与该季节探险者增多有关。同时，我们也发现，野骆驼在11月至翌年2月多活动于阿尔金山北麓，而其他季节较少。这个现象可以这样解释：11月至翌年2月正是采矿停止的时间，车辆、人类活动较少，因而野骆驼觅食扩散至此；从3月至10月正是采矿、拉矿的主要时间，野骆驼采取主动避开人类活动的生存策略，而在某些停矿点仍然可以看到野骆驼实体和活动的痕迹，2015年4月中旬的调查证明了这点，在红沟到黑大坂的简易公路两侧发现一群7只个体家族的活动。

总之，野骆驼的迁移行为与气候、水、食物状况以及是否受到惊扰有关，是否存在季节性迁移，还没有足够的数据来证明。

6.5.4 繁殖习性

野骆驼的寿命大约20~25年；仔驼4~5岁达到性成熟，参与繁殖。野骆驼婚配制度为"一夫多妻制"，其交配期很长，且雌雄个体发情不同步。多数人认为，野驼与家驼一样，在"立冬"前后开始发情交配，"惊蛰"前后结束。在蒙古，雄骆驼11月份开始发情，发情高峰期为1月至2月下旬（Tulgat et al，1992）。阿尔金山牧民提供野骆驼的发情期为11月到翌年的4月份。1976年7月，新疆地质区调大队在噶顺戈壁捕获一个刚出生不久的仔驼来推算，野骆驼的交配可以持续到6月份（袁国映和张宇，2012）。

配种季节到来之前，雄野骆驼性情显得极暴躁，雄性之间为争夺群驼的交配权而互相踢咬、驱赶一方；在蒙古戈壁公园1984~1989年死亡的野骆驼中，12%为发情期雄性个体间争斗受伤而死（Tulgat et al，1992）。在发情期内雄野骆驼数天可以不吃不喝，东奔西跑争夺配偶，甚至咬伤、撞倒母驼。此时随母驼的幼驼就可能"掉队"，为了生存它们会加入家驼群体。雄野骆驼在发情期开始1个月内，会将1年积蓄的脂肪消耗殆尽，因此，发情后期的雄野骆驼体质瘦弱，体况较差。

雌野骆驼与家骆驼一样，孕期13个月，每胎1仔，哺乳和生育周期为2年，产仔期在早春，野外也见到4~7月份出生的幼仔。安南坝保护区红外相机监测表明，仔驼集中在3月份出生。雌野骆驼在分娩前离开驼群，选择远离群体和天敌的安静场所分娩，仔驼生下两三个小时后就能站立行走，追随母野骆驼活动。1995年5月12日下午，科研人员曾在阿尔金山北麓、库姆塔格沙漠边缘观察到1峰雌野骆驼和刚产下的幼仔，记录下幼仔从出生到行走40分钟内的行为。

6.5.5 集群

野骆驼喜集群活动，小群与小群之间保持一定距离，但在生存环境较好的低地却相对集中，成为较大的群体。在繁殖期，每个群由一峰成年雄骆驼，一些雌性个体和未成年的仔驼组成。在非繁殖期，群体主要由雌骆驼、未成年的仔驼和幼驼组成；单独活动的个体则多为成年的雄骆驼。结群的野骆驼群体规模大小不一。19世纪中期，若羌可见到数十峰至百峰的野骆驼；近代的野骆驼种群数量下降，各地以小群为主，20世纪70年代常可见到20~30峰的驼群，90年代多见到1~3峰的群体（袁国映和张宇，2012）。罗布泊保护区在拉配泉观察到的49峰野骆驼中，其平均为4.45峰/群（袁国映和张宇，2012）；敦煌西湖保护区在2003~2009年巡护中曾记录119峰野骆驼，群体大小为1~34峰，平均11.9峰/群（吴三雄和袁海峰，2010）。安南坝保护区2015年4月记录到98峰骆驼，由11群构成。非繁殖季节，野骆驼群体一般较小，但受制于环境因素限制，也可能多个小群聚集成大群。1989年10月，蒙古的戈壁公园曾观察到98峰集中在一个小绿洲中吃草。2014年安南坝保护区巡护中发现154只的大群；2014年胡杨泉饮水点见到多个小群野骆驼聚集饮水。野骆驼的集群行为具有重要作用，它可以增加食物、水源的发现概率，降低个体被捕食的风险，减少警戒时间，有益于种群的繁衍及发展。

6.6 受威胁因素分析

野骆驼属于大型哺乳动物，活动范围广，其个体的通常活动范围能够超过12000km^2（Kaczensky et al, 2014）。但是随着人类活动的加剧，野骆驼在世界上的分布区域被逐渐分割成许多小块，成为现在的孤岛分布现状。野骆驼种群发展也因分布范围的缩小而受到限制。野骆驼及其栖息地受威胁因素主要来自人类活动，包括牧业、采矿业、石油地质勘探开发、道路修建、探险、盗猎等人为活动；其次是自然环境和气候的变化。

6.6.1 牧业

从现存的3片野骆驼分布区来看，放牧活动在阿尔金山北麓和中蒙边境地区较为严重，其次为塔克拉玛干沙漠，只有噶顺戈壁较为封闭，没有家骆驼在该区域活动。阿尔金山北麓阿克塞县是纯牧业县，安南坝保护区与牧民存在着严重的"一地两证"现象。家畜同野骆驼共用同一草场，特别是草场超载放牧，造成草场退化、质量下降，加上草场大面积的铁丝围栏，导致野骆驼的栖息地受到不断的挤压和丧失，加剧了野骆驼生境的破碎化。我们调查中发现，曾是野骆驼分布的苦水河区域，由于牧民的放牧活动，近两年此地已无野骆驼活动。另外，在安南坝保护区的核心区黄羊沟一带，也时有家骆驼在此活动（见图6-2），甚至家骆驼混入野骆驼的情况时有发生，或者发情的公野骆驼混入家骆驼群（见图6-3）。

中蒙边境的甘肃明水、新疆伊吾和阿尔金山北麓的阿克塞县都是家骆驼的放养地，这些家驼以散养为主，几乎一直生活在野外，仅在产羔期间赶回圈舍。因此，放牧活动的扩张造成家驼和野驼合群现象时有发生。家驼与野驼的杂交影响野骆驼种群的遗传结构，降低野驼种群基因的纯度，导致纯种野骆驼的数量下降。中蒙边境及安南坝保护区时有雌家驼与雄野骆驼杂交情况发生。明水的牧民在大草滩一带曾捕获2

峰发情期闯入家骆驼群中的雄野骆驼，分别送到安西和张掖动物园（袁国映和张宇，2012）。新疆罗布泊野骆驼国家级自然保护区管理局于2013年5月的调查中发现，保护区三角滩区域家驼混入野骆驼群的现象比较严重，在胡杨泉红外相机均拍摄到野骆驼群中混有栓脖绳的家骆驼。

图6-2　2013年3月25日，5月1日胡杨泉家骆驼混入野骆驼群（红外相机拍摄）

图6-3　库姆塔格边缘放牧的家骆驼中混入公野骆驼（拍摄于阿克塞县大坝图村）

6.6.2　采矿业、石油地质勘探及道路的修建

野骆驼栖息地所面临的主要问题是自然保护与经济发展的矛盾依然突出，环境承载压力大。3个野骆驼分布的保护区周边青海、敦煌以及若羌县都属于经济欠发达地区，对自然资源的依赖性比较大，且罗布泊保护区和安南坝保护区内都有着较为丰富的矿产资源，致使周边县域企业在保护区内大量勘查、开发矿产资源。

矿山开采、冶炼、石油开采活动对野骆驼的生存构成了极大威胁，影响野骆驼分布区的泉水和地下水资源，也会造成自然植被破坏；开矿道路的修建和矿石的运输直接影响野骆驼的迁徙和日常活动，使野骆驼的适栖范围不断缩小（周旭东 等，2011）。目前，在新疆、甘肃的阿尔金山脉一带，已探明金矿、铁矿、石棉矿、锰矿等多处，开采者入驻采矿，多时采矿队伍达到200人，与野骆驼竞争为数不多的水源；爆破取矿、运输矿石等使野骆驼受到惊扰而迁移其他地方。我们在调查中发现，阿尔金山北麓本是野骆驼的主要栖息地，但在每年的3~10月，几乎很难发现野骆驼；而在11月至翌年2月采矿停止期间，在红沟、拉配泉、黑大坂等地发现野骆驼的概率非常大。

道路对野骆驼的影响最大，当前孤立分布的野骆驼3片分布区就是人类交通活动影响所造成的。该区域有尉犁到若羌的218国道、西气东输伴行公路、哈密－罗中基地公路、土屋铜矿－哈密公路、G315线依吞布拉克－若羌段公路、塔克拉玛干沙漠中的塔中石油公路等。哈密－罗布泊铁路的修建，穿过噶顺戈壁区域，影响野双峰驼在噶顺戈壁的东西迁移活动，特别是干扰野骆驼对骆驼泉等主要水源的利用（寇明旭，2013）。阿尔金山北麓地区随矿产开发而建的道路不断增加，而中石油勘探、开发向塔克拉玛干沙漠腹地不断深入，伴随物探和石油运输的石油公路也日益增多，特别是塔中沙漠公路切断了野骆驼的迁徙通道，导致野骆驼栖息地的破碎化不断加深。总之，野骆驼栖息地的道路修建增加了进入保护区的入口和通道，给保护区的管理带来很大困难；同时破坏了保护区的原始地貌，人为隔离使保护区生态功能下降，对野生动物原有迁徙路线形成阻隔，造成栖息地的破碎化，对野骆驼的生存环境构成极大威胁。

6.6.3 探险、捡石、科研考古、盗猎等人为活动

西部戈壁、沙漠曾出现过楼兰等文明古城，戈壁中的雅丹地貌、无数的风凌石等奇石，以世界极旱著称的罗布泊、世界第八大沙漠羽毛状沙丘的库姆塔格沙漠、彭加木失踪地的纪念碑等无一不是探险旅游的焦点。而今罗布泊南北已废弃的古丝绸之路恰好又是现今野骆驼的主要活动区，沿丝绸之路的探险、捡石、科研考古等活动，对保护区内荒漠生态系统的破坏加剧，惊扰濒危动物野骆驼。当其受惊扰后难以返回原处，从而影响到野骆驼的正常生存。特别是产羔季节，会影响野骆驼弃仔行为的发生。罗布泊保护区八一泉所在的阿奇克谷地是探险者慕名而去的主要地方，以往每年不到100人来此探险，而在2013年"五一"期间，就有探险者58名，探险旅游人数逐年增多，加大了各保护区设站卡拦截的难度。由于探险活动的干扰，2015年4月的调查显示，阿奇克有大量陈旧的粪便，而野骆驼早已离开此地。

盗猎曾是导致野骆驼种群数量迅速下降的最直接原因。在历史上，狩猎使野骆

驼在哈萨克斯坦及以西的大部分分布区消失。20世纪60年代，尉犁东合塘猎人曾一次射杀34峰，70年代初新疆地质队也曾一次射杀20峰（袁国映，1999）。在鄯善县迪坎儿，农民就有捕杀野骆驼的传统习惯，直到1995年，还有人深入戈壁偷猎，包括来自哈密和当地矿山的人员。过去缺水无草的无人区因人难以到达，捕杀者多为野骆驼分布区周缘的一些居民，但随着交通工具现代化及偷猎工具的改进，出现了偷猎者从野骆驼分布区周缘向更远地区扩展、偷猎人员大增的局面。2000年前后，偷猎最严重的是噶顺戈壁，该地区在1980年曾有野骆驼800峰左右，在保护区建立前已剩80峰左右（吴三雄和袁海峰，2010）。2004年7月，吐鲁番地区森林公安在巡护过程中，在一处水源地发现了2张野骆驼皮，估计是2003年冬季被猎杀的。

6.6.4 自然环境和气候的变化

野骆驼为亚洲中部极端干旱区域分布的特有动物，其生存条件极端恶劣。野骆驼的栖息地与盐泉的分布区域相吻合，它一般在有利于隐蔽的多丘地段活动，喜地表硬度适中的区域，回避坚硬的盐壳和流动沙丘，并多栖息于盐生草甸，超旱生、旱生和耐寒性较强植物为主的多年生草本植物群落生长旺盛，而且植被盖度较高的地方。直接影响野骆驼生存的自然因子主要有2个：食物和水。

塔里木河是中国最大的内陆河，河水穿越戈壁荒漠最终注入罗布泊。1876年的罗布泊湖泊水域面积的记录约4000km^2（Przhevalsky，1879），当时气候比现在湿润，植被生长茂盛。自1950年代后，塔里木河上游新移民大规模进行农田开垦，用水量大增，河水被大量抽取灌溉农田，注入到罗布泊的湖水减少，直至断流，导致罗布泊完全干涸，湖区周围气候变干，因断水导致河流下游和入湖口植被死亡，加之人类活动扩大，致使野骆驼种群数量下降到现在不足1000峰（袁磊，2015）。

在现今分布区内可供野骆驼食取的植物主要有猪毛菜、合头草、梭梭、骆驼刺、野葱、芦苇等，但这些植物的质与量完全与降雨量、地表水和地下水的分布有关。近年来，干燥的气候使2个野骆驼保护区多个泉眼干涸，小溪断流。为此，2011年8月安南坝保护区核心区修建了"胡杨泉"饮水点，每年3~5月份吸引多群野骆驼来此饮水。在安南坝保护区边缘，人类活动的影响越来越大，通往核心区的外来水源补充途径被阻断，致使野骆驼核心区域水资源越来越少，许多野骆驼长途跋涉到保护区边缘寻找水源。总之，受全球气候变化的影响，栖息地降雨量的减少，雪线的上移，地下水位的下降，溪水、泉眼的干涸，以及湿地次生盐渍化的加剧等，水源问题已经成为我国野骆驼保护需要尽快解决的重大问题,这在一定程度上阻碍了野骆驼的分布和种群数量的扩大。

6.6.5 中大型食肉兽

在野骆驼栖息地内,危害野骆驼的主要天敌有狼、雪豹和豺,其中狼是野骆驼的主要天敌。从1984年起,在中国野骆驼分布区域中发现89峰尸体,其中61%被狼害,而且所有狼害中31%是驼羔(张振明和周永祥,2013)。Tulgat等(1992)报道,1987年在蒙古戈壁野骆驼群中春夏秋三季幼仔的比率分别是13.8%、6.2%和2.5%,到了冬季,成年野骆驼都会被狼捕猎。2005年10月的中英蒙三国罗布泊东南部科学考察中发现,该区域狼害严重,对幼骆驼生存产生一定危害。2013年2月,一只带有跟踪器项圈的成年野骆驼在阿尔金山北麓的山前戈壁活动,为躲避狼的追踪而连续4天奔跑几百公里,但还是遭到狼的捕杀(袁磊,2015)。2015年4~6月,我们在调查中发现野骆驼骨骸3处,野骆驼骨骸主要分布在阿奇克谷地和黄羊沟的河滩上,骨骸附近大都发现了狼的粪便、爪印等痕迹(见图6-4)。2015年11月底,安南坝保护区又发现1峰成年母骆驼死亡,周围有狼的粪便痕迹。

此外,还有其他因素对野骆驼及其栖息地有一定程度的影响。如沙鼠等鼠类种群爆发时,不仅与野骆驼竞争食物,同时破坏植物根系,加剧草场沙化进程;硬蜱等吸血动物大量叮咬,严重危害野骆驼,特别是幼骆驼的健康,引起野骆驼长期失血、急性炎症反应,还可引起继发性感染,甚至出现新疆出血热等传染病。

图6-4 2015年安南坝保护区黄羊沟河滩和阿奇克谷地新八一泉的野骆驼尸骸

6.7 保护现状评价

野骆驼及栖息地的保护管理面临着不容忽视的问题。野骆驼栖息地多位于自然保护区及其周边区域,地理位置偏僻,环境条件差,人口相对少,当地以牧业为主,牧业活动挤压了野骆驼的分布空间。同时，戈壁滩和阿尔金山等地蕴藏有大量的铁、锰、玉石、石棉等矿产，探矿、采矿、探险、捡石、盗猎等活动依然存在，非法进入保护区、猎杀野骆驼等野生动物案件时有发生，因此外来人员的进入管理成为野骆驼及栖息地管理的首要问题。具体来看，安南坝保护区地处偏远山区，保护区的西北和北部封闭性较好，有利于野骆驼的封闭管理；保护区南边如苦水河等社区居民数量、牧场较多，不利于保护区的日常管理。敦煌西湖保护区北部处于敦煌玉门关雅丹地貌，全国来此旅游的人数较多，保护区西中部和南部相对较为封闭，仅有驴友进行探险、捡石头等活动。而作为新疆罗布泊野骆驼国家级自然保护区主要组成部分的哈密、罗布泊、若羌，由于面积大，进入保护区路口多，道路上车辆、采矿活动相对较多，人为活动频繁，有到保护区捡石头、探险、猎捕野生动物的现象，给保护区的保护管理带来诸多困难。

野骆驼种群保护主要由罗布泊保护区、安南坝保护区和敦煌西湖保护区负责管理。经过多年的建设与管理，3个自然保护区的管理能力和管理水平得到了极大的提高，基本能够保证对脆弱的荒漠生态系统和极度濒危的野双峰驼的有效管理。

（1）管理机构设置合理，基本能满足主要管护业务的需要。目前，安南坝保护区编制25人，与保护管理直接相关的机构设置是科研管理科、保护监测科及冬格列克、安南坝等4个相关保护站，保护区实行二级管理，即管理局—保护站的垂直管理模式。敦煌西湖保护区编制25人，与保护管理直接相关的机构设置是科研管理科、保护监测科及崔木土、多坝沟等6个相关基层保护站，保护区实行二级管理，即管理局—保护站的垂直管理模式。罗布泊保护区现有人员15人，内设综合业务办公室、科研监测室和宣传管护科，保护区实行管理局—管理站—检查站卡的三级管理机构设置，目前已建成艾丁湖、迪坎尔、库米什、三垄沙、米兰和拉配泉6个检查站卡。

（2）规章制度完善，管理规范。保护区管理机构成立后，贯彻执行和宣传国家、地方有关自然保护区的法律、法规和方针、政策，根据自然保护区的有关法律、法规，制定了相关自然保护区管理办法、自然保护区进入许可证制度以及其他各种规章制度；实行以法治区、依法保护、打防结合措施，建立了入区管理、巡护月报、资源开发管理、探险旅游和矿业执法，重点项目实施的督查工作等制度。保护区实行分片管理，联保联防，社区参与共管，动员全社会力量共同参与自然保护工作，广泛开展自然保护区的宣传教育，积极开展科学研究。

（3）管护设施初具规模，管护能力逐步提升。目前，保护区已在主要路口建立管护检查站站卡，并配备了专用越野巡护车辆、GPS、短波无线通信设备、卫星电话和望远镜等野外工作装备，以及通信光缆、监测设备，保证了保护区日常巡护等工作的正常开展；在重要区域设立了保护标示牌、功能区界牌、警示、宣传牌，基础管护设施已初具规模。

（4）科学研究基础薄弱，但水平不断提高。3个保护区成立后，针对主要保护对象野生双峰驼和荒漠生态系统开展过多次科学考察，形成了《甘肃敦煌西湖国家级自然保护区科学考察报告》《甘肃安南坝野骆驼自然保护区综合科学考察报告》《新疆罗布泊野骆驼国家级自然保护区综合科学考察报告》，完成系统的本底资料整理，包括各种图件和名录等。3个保护区在科研方面发展不平衡，罗布泊保护区科研能力相对较强，针对某些资料空白和技术难题，开展了一些专题研究。如罗布泊保护区与联合国环境规划署（UNEP）、联合国全球基金会（GEF）、加拿大若拜斯切基金会、香港嘉道理慈善基金会以及英国电器公司等国际组织或机构建立了广泛联系，其管理机构在2003~2010年间组织了12次实地考察。考察期间不仅对野生动物，尤其是野生双峰驼的栖息生境和迁徙规律有了更深入的了解，而且对保护区内的水源分布情况和植被生长状况等信息有了进一步的丰富和补充。

（5）保护区总体规划制定合理，管理目标明确。3个自然保护区制定了符合自身特点的总体规划，且执行状况良好。2008年、2013年罗布泊保护区进行功能区划调整，保护区根据实际情况及时制定了新的总体规划，规划在10年内将自然保护区建设成为生态安全、设施先进、管理高效、功能多样的具有国内先进水平的自然保护区，目前各项任务都在按照规划逐步实施。

（6）管理成效。日常管理秩序一般，工作成效一般，也无重大事故发生，职工潜力尚未充分发挥；保护区与当地居民关系融洽，保护区积极协助当地群众发展生产、脱贫致富，并带来经济实惠，使当地群众的经济收入比建区前有显著的提高。建立保护区后，区内资源基本维持在建区前的水平，主要保护对象野骆驼的环境得到维持，种群数量表现出恢复性增长趋势，但尚未摆脱受威胁的状态。事实上，水源成为荒漠地带植物分布的主导因子，也是野骆驼分布的限制因子。阿尔金山北坡为该区域最大降水带，其山前倾斜平原得到更多的汇水而促进植被的生长，吸引野骆驼来此觅食。同时，3个地区水源常呈零星散布，使每个水源周围形成了以该水源为核心的生境岛群，同一生境岛群的野驼亦都依赖于该水源。为了改善野生动物的饮水条件，当地政府及保护区制定并实施了生态恢复方案，库姆塔格沙漠周围水源质量有所提升。在阿尔金山、阿奇克谷地、黄羊沟和库鲁克塔格山南北部等区域开挖了数个新井，对乌宗布拉克盆地、"西气东输"管线沿线区域及核心区内8个已干枯的泉水地或出水量少的泉水地进行修整改造，扩大水域面积或挖水沟使浅层地下水出露地表，以解决野生动物饮水水源匮乏的问题。从2017年7月25日起，党河、疏勒河向敦煌西湖保护区下泄生态水，流淌了两月余；调查得出，生态放水流入敦煌西湖保护区西部约85km，形成湖面约8km^2，并在2018年2月24日在大马迷兔段清水沟遇到31峰野骆驼，该地已经多年未发现野骆驼，说明栖息地质量局部好转，且新增的水源地已成为水源匮乏地区野生动物新的主要活动栖息地（袁磊 等，2007；高丽君 等，2003）。

6.8　问题及建议

根据实际工作中的情况，对保护区管理提出以下几点建议以供参考：

（1）整合3个毗邻的自然保护区资源，重新规划、建设，构建野骆驼国家公园或保护区群。目前，优先可以解决的事件有3方面：

罗布泊保护区三角滩地区由甘肃安南坝保护区代管。罗布泊保护区管理局位于乌鲁木齐，而罗布泊保护区远离乌鲁木齐且面积大、入口多，管护难度非常大。三角滩是该保护区的核心区域，也是野骆驼活动最为密集的区域，三角滩离安南坝保护区乌什喀特保护站最近，管理最为方便，而罗布泊保护区巡护此地，都必须从安南坝保护区进入。此外曾有探矿、旅游人员在三角滩新疆区域活动，影响野骆驼的正常活动，但甘肃安南坝保护区工作人员却无法越权进行执法管理。因此，双方保护区需要沟通，有效进行管理。

修订敦煌西湖保护区的功能区划。按照保护区功能区划，敦煌西湖保护区外围是实验区，然而与安南坝保护区缓冲区相连接的区域如多坝沟管护区是2个保护区野骆驼种群交流的主要通道。为了保护好野骆驼，各保护区应沟通、合理规划，制定双方共赢的政策和措施。

修订罗布泊保护区北部区域的功能区划。鉴于罗布泊保护区野骆驼主要分布在阿奇克谷地及以南区域、阿尔金山北麓，建议将罗布泊保护区位于阿奇克谷地北山以北的核心区部分区域、磁海低地以南的山区和阿尔金山西部原为实验区的部分区域调整为缓冲区。

阿尔金山北麓是野骆驼的主要栖息地之一，然而由于道路和采矿的干扰，春夏秋三季野骆驼很少迁移到此地。建议将阿尔金山北麓至库姆塔格沙漠之间的戈壁地带原为缓冲区的部分区域调整为核心区，或阿尔金山实验区再细化，设计合理的野骆驼迁移通道，在实验区内再分割出部分核心区域。

（2）加大投资建设力度，规划引水工程，修建多处饮水点，充分改善野骆驼生存环境。

气候变化，特别是极端气候事件出现的年份，核心区的外来水源补充途径一旦被阻断，将丧失核心区的保护功能，水源问题将是我国野骆驼保护需要尽快解决的大问题。尽管保护区克服困难，积极争取资金，修建荒漠饮水点包括安南坝保护区的胡杨泉饮水点（2011年）和黄羊沟涝池（2014年）、罗布泊保护区的新八一泉自流池（2010年）等，但是相对于3个保护区1000多万hm^2面积而言，需要更多的资金投入，合理布局饮水点，铺设管道，采取引山泉或打机井的方式，解决野骆驼饮水的难题。

目前，塔里木河和疏勒河上游水库开始给下游供水，已解决该流域生态问题，因此建议政府相关部门应考虑保护区野骆驼保护的切实利益，开展流域水资源的合理利用规划。

（3）加强日常巡护，加强法制宣传教育，有针对性地开展工作。

根据工作要求，合理制定巡护方案。在夏季、秋季加大对保护区周边的采矿行为监管，限制在核心区的采矿、探矿活动；采取有效措施，限制家骆驼的放牧范围，特别是阻止在拉配泉以北和西北地带的山前倾斜平原放牧；在冬季和早春进行重点区域的野骆驼监测，及时救助残伤、失散的幼驼。此外，要加强外来人员进入保护区的管理，避免人与野骆驼接触。

通过法制宣传，特别是对各分布区周围的农牧民、城市居民和采矿点人员的教育，使他们清楚知道偷猎野骆驼的犯罪成本而不敢违法。扩大宣传，通过建立中国野骆驼网站、期刊和举办世界野骆驼研究峰会等形式，加快在媒体、互联网和国内一线城市的宣传，使野骆驼保护与研究能够更多地受到社会各界的关注，调动广大群众和社会团体参与野骆驼保护的积极性。

（4）搭建科研平台，提高科研水平。

野骆驼分布区都是荒漠半荒漠地带，科研投入大，条件艰苦。各保护区应改善基本的科研条件，通过争取国内外政府、非政府组织的资助，吸引科研机构、大学院校来此开展工作，同时进一步培养区内管理人员。在有条件的保护局建立"野骆驼救助繁育科学研究中心"，通过野外生态学研究和圈养野骆驼的生理、行为研究，为保护区提供合理的管理依据和政策实施。

（5）解决林权问题。

目前保护区部分区域与牧民牧场重叠，牧民经常使用围栏或放牧，导致野骆驼栖息地被分割。国家如何解决林权问题，或采用租赁等形式来协调与牧民的经济利益冲突，这是一个期待解决的关键问题。

第七章 红外相机陷阱技术对野骆驼水源利用的监测

摘要：于2013年4月至2014年6月，在安南坝保护区胡杨泉安置红外相机进行野骆驼水源利用监测。结果表明，野骆驼、鹅喉羚、岩羊等5种兽类利用该水源，其中野骆驼是主要利用者。从月活动规律上看，野骆驼在4~6月饮水活动最频繁，5月达到最高峰，冬季活动则相对较少。从日活动规律上看，野骆驼总体利用水源以昼间为主，其在夏季晨昏利用水源比春、冬季更为显著，冬季倾向于在中午和午后利用水源。野骆驼饮水活动频率和滞留时间随驼群规模而增加，驼群的幼驼数量与饮水时间无显著关系。本研究进一步丰富了水源对于野骆驼栖息与繁衍的重要作用，为更好地保护这一濒危物种提供了参考。

19世纪末期，红外相机陷阱技术在野生动物管理中开始使用，并于20世纪中期在动物资源调查中得到广泛应用。与传统野外调查方法比较，红外相机陷阱技术具有非损伤性、客观性、人力消耗少、实现全天候工作等优点，目前主要用于动物行为生态学、兽类资源调查、种群评估，以及物种编目等研究，并在濒危物种虎、豹等猫科动物的调查中取得了巨大成功。近几年红外相机也逐渐在野骆驼、蜂猴（*Nycticebus bengalensis*）、熊猫（*Ailuropoda melanoleuca*）、羚牛（*Budorcas taxicolor*）、野猪（*Sus scrofa*）等动物中得到应用（薛亚东 等，2014；贾晓东 等，2014；李晟 等，2014），研究它们的种群动态、活动节律和行为特征。在安南坝保护区，主要采用传统的样线法对野骆驼及伴生物种进行调查，对野生双峰驼的活动规律监测及季节性活动差异的研究仍相对缺乏。本研究采用红外相机陷阱技术，对保护区内胡杨泉（2011年在天然泉眼基础上建立起的半人工泉水）周边的动物资源进行监测，开展野骆驼水源利用研究。

7.1 方法

7.1.1 相机布设

在泉眼相对位置布设2台Ltl-6210M HD型号相机，相机固定于离地面80~100cm左右的人工铁桩上，其镜头与地面平行。拍摄参数为静音，照片质量为800P，视频设置为最高画质，视频长度设置为20秒；闪光及连拍模式，触发间隔为1秒；灵敏度中档；时间采用24小时制。相机安装位点的海拔高度为2550m。监测时间从2013年3月至2014年6月。共收集照片3次。

7.1.2 数据处理

先去除无法识别的照片，再参考《中国兽类野外手册》和《中国鸟类野外手册》鉴定物种名称，并利用SPSS 19.0进行数据统计与分析。将野骆驼照片信息全部进行数据录入。录入中要注意，1只雄性野骆驼到达相机拍摄范围内，喝水和休息共滞留8分钟，算为1次。一群15只的野骆驼到达相机位点，喝水和休息共滞留50分钟，也算为1次，或称为一组照片，也叫一个照片群。统计总有效照片张数、滞留时间、独立照片数。

7.1.2.1 相对丰富度分析

采用物种的独立照片计算物种数和相对丰富度（RAI）（武鹏峰 等，2012），公式为：

$$RAI = \frac{Ai}{N} \times 100\%$$

其中，RAI代表物种相对丰富度；Ai代表第i类（$i=1, 2, \cdots\cdots, 19$）动物出现的相片数；N代表照片总数。

7.1.2.2 野骆驼日活动强度指数分析

全天以每0.5小时为时间段，共48个时段，计算各时间段相对活动强度（$TRAI$）（武鹏峰 等，2012），公式为：

$$TRAI = \frac{T_j}{N} \times 100\%$$

其中，T_j代表在第j时间段（$j=1$，2，……，48）出现的有效照片数，N代表有效照片总数。此外人工统计野骆驼休息（卧或跪坐）和其他行为的有效照片数。

7.1.2.3 野骆驼月活动丰富度分析

统计每月有效照片数量，计算月相对丰富度指数（MRAI），公式为：

$$MRAI = \frac{M_i}{N} \times 100$$

其中，M_i代表第i月（$i=1$，2，……，12）动物出现的独立照片数，分母N代表2台红外相机获到的动物各月独立照片总数。

7.1.2.4 野骆驼各季节日均滞留时间分析

驼群在泉水处的日均滞留时间计算公式为：

$$d_t = \frac{T_a}{d}$$

其中，将每组有效照片的最末次时间与首张照片时间相减得到驼群滞留时间T_i（$i=1$，2，3……），将各季节每次驼群滞留时间相加得总时间T_a。再由此季节最尾次与首次拍照时间相减，得总拍照天数d。

同时，将2号相机数据中的每次驼群活动中最小幼驼数及滞留时间两个变量列于Excel表格中，对每一组数据按照幼驼数排序，将相同幼驼数的滞留时间相加求和，并除以出现次数求出具有相同幼驼数的驼群平均滞留时间。

7.1.2.5 不同季节驼群规模与饮水时间关系

将3个季节驼群活动的最小总驼数及滞留时间列在Excel表格中，按驼群规模排序，将驼群中的骆驼数按1只至30只分为10组规模，将相同规模的驼群滞留时间相加得出时间总和，绘制三个季节下驼群规模与总滞留时间的折线图。

7.1.2.6 不同季节探测温度与驼群出现次数关系

将照片中显示的温度以−15℃为起点，45℃为终点，按每5℃作为一个温度区间，记录每一个温度区间驼群的出现次数。绘制折线图进行不同季节下温度与出现次数关系的比较。

7.1.2.7 家驼标记驼群的数据分析

在2013年春季所拍到的照片中，共发现有3只家养特征明显的双峰驼混入野生驼群中，成为辨识驼群的有效"名片"。在Excel工作表中将母驼A（简称A）、母驼B（简称B）、公驼a（简称a）所属群每次活动的出现日期和出现温度并排列出制作散点图。

将A、B、a群每次活动的到达泉水的时间段和滞留时间并排列出，按时间段排序，将每个驼群相同时间段的滞留时间相加合并，得到时间总和，并做折线图将各时段的总滞留时间进行对比。对A、B、a群统计每一次出现和下一次出现的间隔天数及平均间隔天数。绘制折线图，以描述3个不同驼群饮水天数间隔的差异。

7.2 结果

7.2.1 物种组成

共拍摄到照片7341张，其中野生双峰驼5400张、其他哺乳动物994张、鸟类148张等。共鉴定出5种哺乳动物，其中拍摄率最高的是野骆驼；鸟类拍摄到隼和雀各1种。依据有效照片数，野骆驼的相对丰富度为：2013春季为97.65%，2013冬季为49.95%，2014春季至初夏为83.91%；鹅喉羚的相对丰富度为：2013春季为1.9%，2013冬季为33.20%，2014春季至初夏为10.76%；岩羊的相对丰富度平均为3.75%。

表7-1　甘肃安南坝野骆驼保护区红外相机监测的动物名录

物种	有效照片数/张			样本量/张
	2013春	2013冬	2014夏	
总和	2005	1940	2457	6402
野骆驼 *Camelus ferus*	1958	969	2381	5308
鹅喉羚 *Gazella subgutturosa*	38	644	7	689
岩羊 *Pseudois nayaur*	0	240	0	240
赤狐 *Vulpes vulpes*	0	4	1	5
蒙古兔 *Lepus tolai*	0	12	0	12
雀	1	66	60	127
隼	8	5	8	21

7.2.2 月活动规律

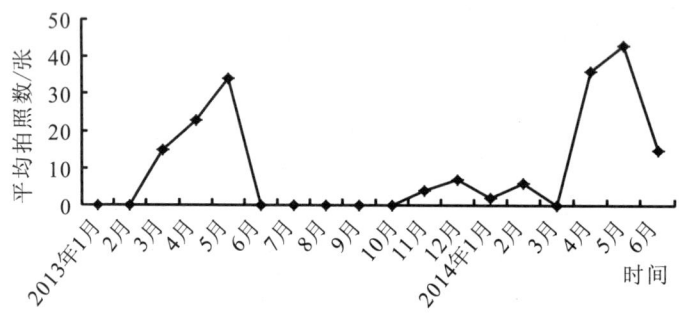

图7-1　野骆驼月活动规律

从图7-1可以看出，野骆驼在4~6月于泉水附近的活动最频繁，5月达到最高峰，冬季活动则相对较少。7~10月由于缺少数据无法进一步分析。每年4月、5月有规律性的在水源地活动，可能反映了幼仔对水的需求比较高，或许和其储水生理机能不完全有关。

7.2.3 野骆驼日活动规律

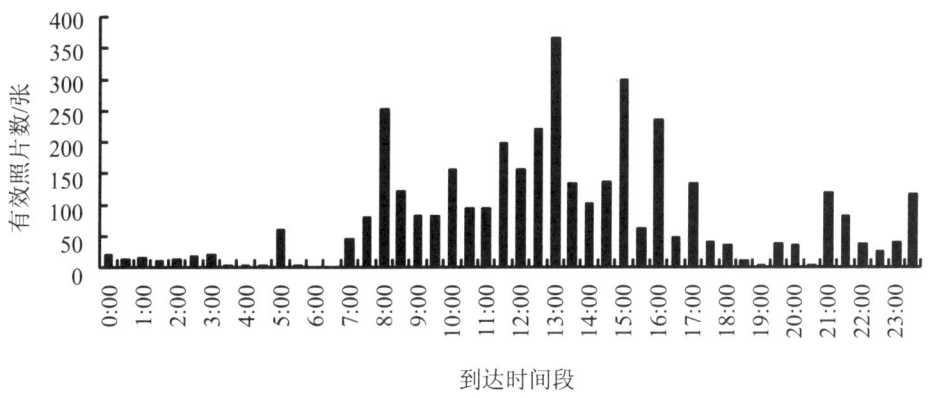

图7-2 野骆驼日活动规律（1号相机）

野骆驼活动高峰出现在在8:00、13:00、16:30左右；同时较高的有效照片数，也说明滞留时间较多长（图7-2、图7-3）。而夜晚到达泉水的驼群拍照数较少，说明野骆驼总体活动以昼间为主，夜间和凌晨野骆驼活动频率较低。

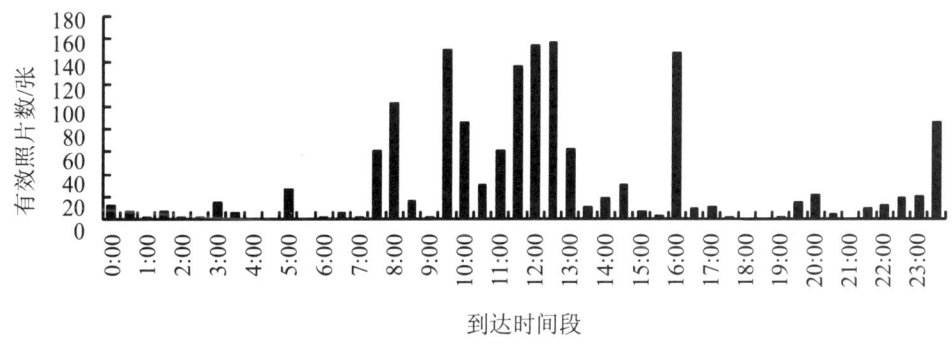

图7-3 野骆驼日活动规律（2号相机）

野骆驼春季的晨昏活动比冬季和秋季更显著，其春季在06:00~18:00活跃程度中等，在10:00至下午14:00出现均匀高峰，其中下午13:00~14:00有最高峰；夏季活动频繁,高峰集中在07:00~09:00和傍晚15:00~17:00,但在12:00~13:00也处于较高水平;冬季活动较不活跃,主要以白昼为主,最高峰出现中午11:00~14:00,其余两个较高峰出现在9:30和15:00(见图7-4)。

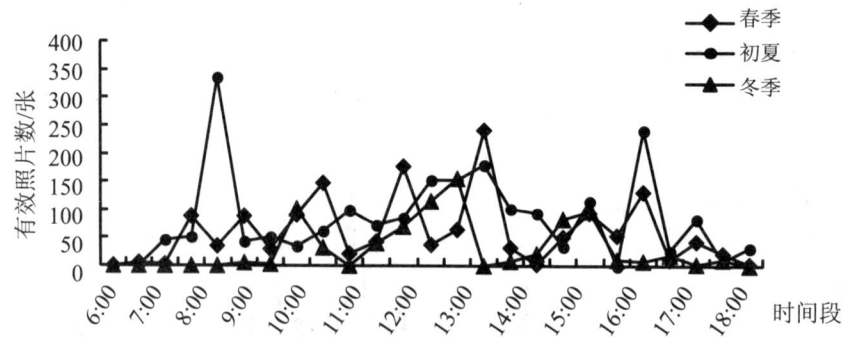

图7-4　野骆驼昼间活动规律(1号、2号相机)

由表7-2可以看出,各季节骆驼休息行为的比例都很低,平均不足1%,最高不超过2%。而其中夏季休息行为的拍照率最高达到1.05%,冬季次之为0.72%,春季最低,只有0.17%。

表7-2　3个季节野骆驼休息行为出现率

季节	有效照片数/张			休息行为拍照率
	总有效照片数	有休息行为有效照片数	无休息行为有效照片数	
2013春	1753	3	1750	0.17%
2013冬	969	7	962	0.72%
2014夏	2378	25	2353	1.05%
合计	5100	35	5065	0.69%

7.2.4　野骆驼各季节日均滞留时间分析

野骆驼在冬季总滞留时间最长,夏季总滞留时间最少(见表7-3)。然而,野骆驼在春、冬、夏这3季的日均滞留时间并无显著差异,均在15%~17%的数值范围内。由图7-5可以看出:在2013春和2014春夏这2个季节中,驼群中的幼驼数量与驼群滞留时间并无明显的线性关系。但具有2只幼驼的驼群滞留时间都较高,2个季节分别在2只、5只和6只处出现滞留时间高峰。

表7-3 野骆驼3个不同季节日平均滞留时间对比（以1号相机为准）

项目	有效照片数		
	2013春	2013冬	2014夏
总滞留时间/分钟	1166	1540	864
起始日期	3月19日	11月20日	4月27日
终止日期	5月10日	2月27日	6月22日
天数/天	70	99	57
日平均滞留时间/分钟	16.65	15.55	15.15
滞留率（日均/日总分钟）	1.15%	1.08%	1.05%

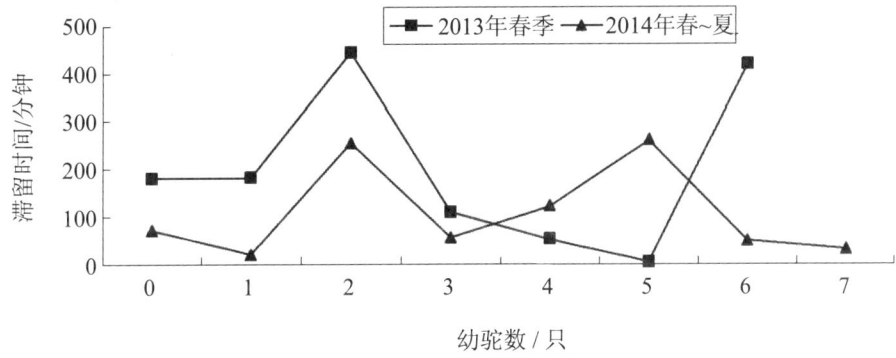

图7-5 春、夏季驼群中幼驼数量与泉水滞留时间关系图

7.2.5 不同季节驼群规模、环境温度与饮水时间关系

总体上看，三个季节中驼群滞留时间都随驼群规模而增加。其中，2013春季滞留时间随驼群规模增大的升高最快；2013冬季增大较为平缓；2014春季的变化最缓（见图7-6）。

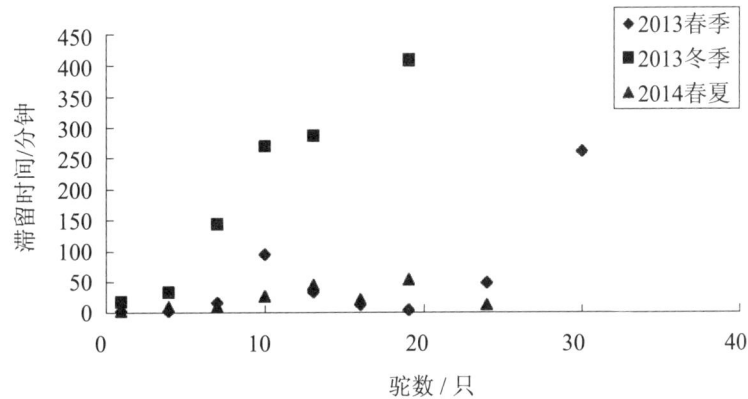

图7-6 3个季节驼群规模与总滞留时间关系图

从图7-7可以看出，野骆驼冬季活动高峰出现在体表探测温度-10℃和5℃左右，春、夏季高峰分别出现在25℃和30℃附近。春季和夏季野骆驼抵达泉眼喝水的滞留时间比冬季更多，冬季温度变化对野骆驼滞留时间无明显影响。

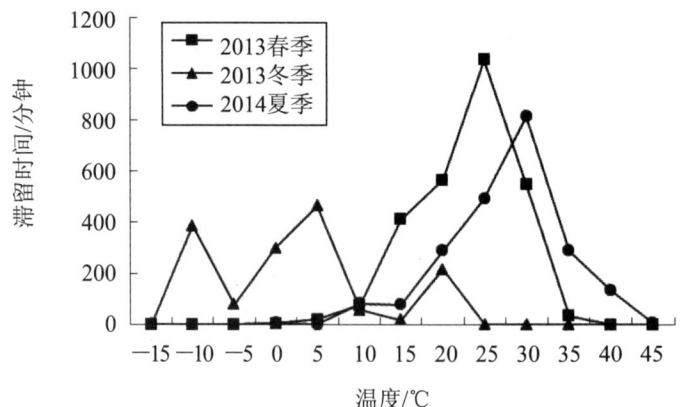

图7-7　三个季节野骆驼饮水时间与温度关系图

7.2.6　不同季节温度与驼群出现次数的关系

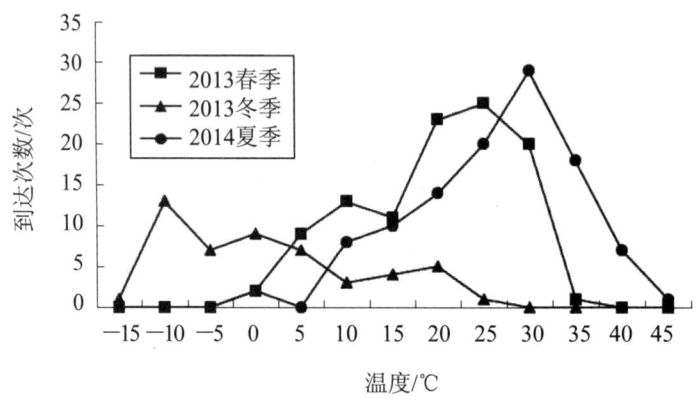

图7-8　3个季节驼群到达泉水次数与温度关系图

从图7-8可以看出，野骆驼在2013年春季于20~30℃时饮水次数最多；2013年冬季在-10℃时饮水次数最多，但在-5~5℃时饮水次数也较多；2014年晚春至初夏季节于35℃左右时饮水次数最多，在10~20℃时饮水也较多。总的来看，野骆驼饮水的次数在夏、春季要高于冬季。冬季出现次数随温度变化的差异较春季和夏季更不显著。夏季的出现次数随温度变化差异较春季更显著。需要注意的是，冬季结冰时野骆驼到泉眼会用舔冰的方式来代替喝水。

7.2.7 家驼标记的驼群活动规律

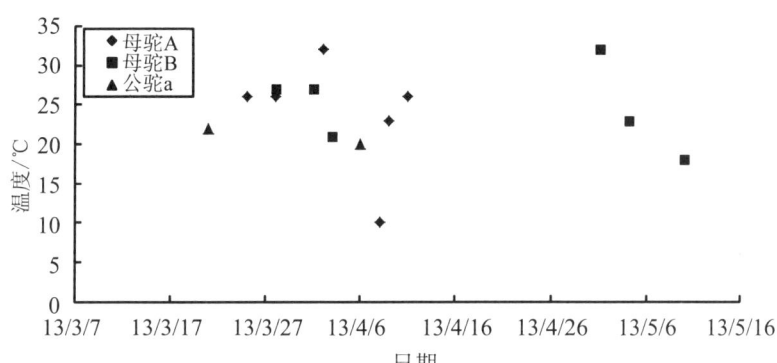

图7-9　三个不同家驼混入群2013年3月-5月出现的日期和温度

通过混入野骆驼群的家驼作为辨识标志，可以研究三个野生驼群的饮水活动规律。从图7-9可以看出：A群在3月20日至4月10日之间出现次数较多（6次），出现的最高温度和最低温度相差较大；B群在3月20日至4月10日期间及5月1日至5月10日间有两个出现次数较多的高峰；a群则总计只出现了两次。

由图7-10可以看出：A群的滞留高峰出现在12:00，B群则出现在15:00-16:00左右。a群滞留时间都很短，无显著的峰值时段。

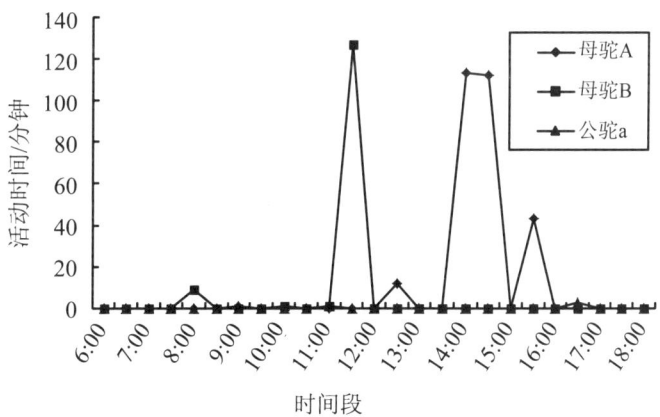

图7-10　3个家驼所属群昼间各时段活动总时间对比图

由图7-11可以看出：3个驼群出现的间隔天数并无明显规律，a群由于只出现2次，间隔为一个数值，无法看出趋势；A群出现间隔天数较为均匀；B群群体数量较大，出现的间隔天数起伏较大。说明驼群规模很大或很小都可能导致其饮水活动的不规律，而较为中等规模的驼群饮水活动较为规律，间隔天数较为平均。尽管获得数据还是较少，难以得出一个清晰的结论，但是这种做法值得后来的研究者借鉴。

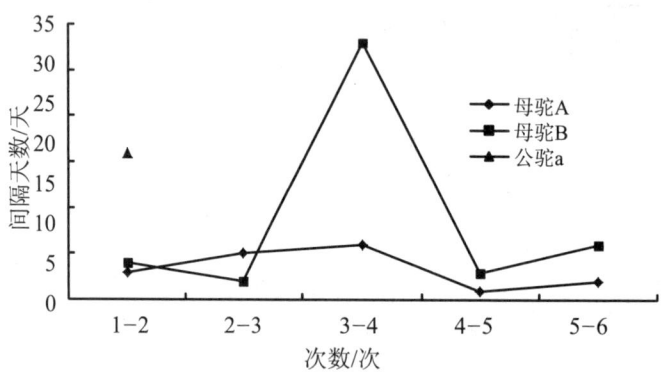

图7-11　3个家驼所属群的出现间隔天数

7.3　讨论

野生动物的活动节律是行为生态学中的一个重要研究内容，它主要研究野生动物在不同时间内的活动强度及变化规律。一般认为昼夜更替是活动节律的决定因素，此外还有遗传、食物、能量、性别、繁殖状况、社群因素、种间竞争以及天气状况等主导因素（孙儒泳，2017）。不同动物日活动模式的主导因素不同。在昼夜温差很大的安南坝地区，白昼长短的季节性变化以及气温的日变化是制约动物活动节律的一个重要因素。通过长期的监测发现，野骆驼的季节性活动高峰出现在 4 月和5月，其原因可能是3~5月为野骆驼的产崽哺乳期，该时间段内小骆驼的储藏功能还未发育完善，较成年骆驼需要更加频繁地饮水，导致驼群的活动强度增加。而11~1月，由于幼驼长大，导致驼群需水次数减少，在泉水附近活动的次数和滞留时间都有所减少。

利用红外相机陷阱技术对野生动物的研究发现，动物的日活动强度及不同季节的活动强度与成像概率呈正相关，成像概率越高则相对活动强度指数越高，表明动物在此时间段内更加活跃。气温方面，夏季白天气温高，限制了骆驼的活动，导致其在清晨和傍晚的活动频次增加。而野骆驼夜间出现时间和群体规模大小均无明显规律，平均夜间有效照片数不足20%，说明野骆驼不具有典型的夜行性特征。

在涝池驼群规模与滞留时间的关系分析中，驼群规模和水边滞留时间呈正相关，这与预期较为一致。推测原因有：①驼群规模大的个体轮流喝水，全体需要更长时间喝完水。②大群中个体互动和交流较多，如群体在首领带领下的移动、警戒，年轻公驼和母驼之间的亲密行为、母驼照顾幼驼喝水及给幼驼哺乳的行为，幼驼成群在水中和水边追逐嬉戏的行为等。③大群队伍较长，从第一只驼抵达泉水到最后一只驼抵达需要一定时间，而离开时第一只与最后一只离开的时间也有一定间隔，几只骆驼在大部队离开泉水后继续滞留较长时间的情况时有发生。而这些活动仍在相机的监测范围内，导致大规模的驼群的滞留时间极大地加长，给相关统计造成误差。

在不明显干扰野生动物活动的前提下，连续拍摄可以反映出动物群体的活动细节，其优点显露无疑，但也不是没有缺点，如过多的拍照数，给分辨独立照片带来困难，重复和冗余较多，数据分析时工作量较大。在本研究中，野骆驼生性动作缓慢，常常在同一地点伫立几分钟甚至十几分钟，设置1分钟左右的拍照间隔是较为合适的，而鸟类和羚羊却经常一闪而过，捕捉到的相片较少。所以，如何针对所研究物种的活动迅捷程度，设定红外相机合适的连续拍摄时间间隔，是一项有待继续摸索和探究的重要工作。

第八章 安南坝保护区野骆驼种群调查

摘要：野骆驼是全球关注的一个极度濒危物种，分布范围十分狭窄，全球数量较少。本研究采用样线调查法、直接计数法、访问调查法等方式，对安南坝保护区野骆驼种群数量、分布范围和栖息地等情况进行调查。结果表明，保护区野骆驼数量为118~154峰，平均136峰。密度为0.0298~0.0389峰/km^2，栖息地面积35万hm^2。野骆驼主要活动集中在库姆塔格沙漠周围及阿尔金山山前平原，栖息在海拔815~2963m的平原、低山丘陵地带，绝大多数在盐柴类半灌木、小半灌木荒漠中活动。

野骆驼的历史分布相当广泛，200年前，野骆驼活动于整个中亚到西亚东部的低海拔丘陵及平原区，东达陕西黄河，西到里海，北至贝加尔湖，南到青藏高原北部，野骆驼总数量约在10000峰以上（袁国映 等，2012）。随着环境的变迁、人为活动等各种因素的影响，野骆驼的分布空间不断缩小，退却到蒙古国的外阿尔泰戈壁和我国的新疆、甘肃荒漠地带。目前，安南坝和罗布泊是以保护野骆驼为主的保护区，也是野骆驼的主要栖息地和种群分布地。本研究通过对安南坝保护区野骆驼种群的调查，以期为保护区管理提供基本数据支持。

8.1 研究方法

8.1.1 数量调查方法

野骆驼种群分布广，集群活动、数量稀少，活动范围大，环境非常恶劣，调查任务非常艰巨。主要采用样线法、直接计数法、访问调查方式，于春、冬两季调查；同时根据实际情况可再进行补充调查。实际样线布设时，重视当地向导的意见，在野骆驼可能或主要集中区域进行重点调查。样线布设7条（宽度2km，长度30~200km），总长度521km。乘越野车与步行相结合，样线上行进的速度应控制在每小时10~20km，车每行驶0.5小时后，下车向两侧步行观察或步行到路两侧的制高点观察。发现动物实体或其痕迹时，记录动物名称、动物数量/痕迹种类及距离中线距离、地理位置等信息；同时记录野骆驼或痕迹的栖息地类型，以及所在地的地貌、坡度、坡位、坡向、植被类型等栖息地因子、干扰状况。

8.1.2 数据分析

野骆驼种群数量调查数据的分析，采用基本样线法、采用Gate截线法和DISTANCE软件进行分析。

基本样线法：

$$d_i = \frac{n_i}{2l_i s_i}$$

式中：d_i——第i条样带的密度值；

n_i——第i条样带上所见动物的个体数；

l_i——该样带长；

s_i——样带单侧宽度。

以d_i为观测值，则i条样带的密度均值为：

$$D = \frac{1}{m}\sum_{i=1}^{m} d_i \tag{2}$$

式中：m——样带总条数。

调查总数量 $N=D \times S$，其中S为调查区域总面积。

Gate截线法：

$$d_i = \frac{n_i - 1}{2l_i A_i}$$

式中：d_i——第i条样带的密度值；

n_i——第i条样带上所见动物的个体数；

l_i——该样带长；

A_i——每个个体距中线垂直距离的平均数。

以d_i为观测值，则i条样带密度均值为：

$$D = \frac{1}{m}\Sigma_{i=1}^{m} d_i$$

式中：m——样带总条数。

估计的方差：$\sigma^2 = \frac{1}{m}\Sigma_{i=1}^{m} d_i^2 - D^2$，$\Delta = \frac{ta^\sigma}{\sqrt{m-1}}$ 估计值的精度为 $1 - \frac{\Delta}{D}$。调查总数量 $N = D \times S$，S 为调查区域总面积。

Distance 6.0软件运算：

采用Distance 6.0中可变距离取样法分析计算安南坝野骆驼的种群数量和密度。根据爱氏信息准则（AIC）进行判断，以AIC值最小的模型作为探测函数。中部高密度地区使用的评估方法构建模型是 Hazard-rate+Cosine（风险率+余弦）、Hazard-rate+Simple polynomial（风险率+简单多项式）、Hazard-rate+Hermite polynomial（风险率+厄密多项式）展开分析。

8.2 结果与分析

8.2.1 种群数量

本次调查，样线总长度521km，遇见实体11群62峰（1~16峰/群），19处痕迹（包括2峰尸体）。其中，春季发现实体9群36峰，痕迹10次；冬季发现实体2群26峰，痕迹9次（现场判定，将实体所在新鲜痕迹去除）。每群平均5.6峰，中位数为5峰/群。依据基本样线法：

以实体计算：样线上密度$D = 62/(521 \times 2 \times 2) = 0.0298$（峰/km²）

安南坝保护区数量：0.0298峰/km² × 3960km² ≈ 118峰

以实体和痕迹计算：样线上密度$D = 81/(521 \times 2 \times 2) \approx 0.0389$（峰/km²）

安南坝保护区数量：0.0389峰/km² × 3960km² ≈ 154峰

即安南坝保护区野骆驼数量为118~154峰，平均136峰。

8.2.2 分布

本次调查显示，野骆驼主要活动位点集中在库姆塔格沙漠周围及阿尔金山山前平原。安南坝保护区野骆驼活动区域南部以阿尔金山为界，北部和西部至库姆塔格沙漠，东部延伸至小红山。区内阿尔金山北麓山前洪积扇带倾斜平原区、小红山、大红山、卡拉塔什塔格谷地、黄羊沟、三角滩等地的荒漠植被，为野骆驼提供了食物来源；阿尔金山北麓山谷、卡拉塔什塔格、大红山等山区的泉眼，为野骆驼提供了水源。

8.2.3 栖息地选择

本次调查显示，安南坝的野骆驼栖息地面积为35万km²。其主要栖息在海拔1700~2500m的荒漠、沙漠、山谷地带，绝大多数在盐柴类半灌木、小半灌木荒漠中活动，而在保护区边界的三角滩的小乔木荒漠（梭梭）中也有活动。调查中，95%的发现点坡度为平坡（0°~5°），偶尔野骆驼在15°~20°的坡度活动。95%的发现点坡向为0，其余朝向为南、北、东坡。

安南坝保护区分布合头草、红砂等众多的植物种类，野骆驼充分利用各生境中不同类型的植物资源，主要取食多种荒漠植物，包括沙拐枣、白刺、泡泡刺、骆驼刺、芨芨草、叉枝鸦葱、沙葱，以及合头草、红砂、盐爪爪、猪毛菜、霸王等。

8.2.4 受威胁状况

安南坝保护区内的人为干扰活动主要以放牧、道路运输、旅游探险等形式体现，人为干扰强度较弱；自然因素主要是水源和天敌。

2017年以前，经常有采矿活动和车辆运矿在阿尔金山一带，并经保护区运往阿克塞县；而当冬季矿业停止时，则可见到野骆驼在红沟、拉配泉、黑大坂等地活动。近2年来，国家禁止在保护区采矿后，保护区内阿尔金山山前在夏季也能见到野骆驼，栖息地得到很大改善。

其次，当地居民主要以牧业为主，少有耕地。保护区与天然牧场有重叠，畜牧养殖与野骆驼争夺草场。比如保护区牧草地有8933.94hm²，主要集中在苦水河地区，10年前还有野骆驼分布，然而目前野骆驼几乎仅在苦水河谷地沟口活动。同时，保护区东部有大面积的铁丝围栏牧场，压缩了野骆驼的分布范围，限制了其活动空间。此外，当地家骆驼采取散养方式在戈壁上游荡觅食，会出现雄野骆驼与母家骆驼杂交现象，破坏了野骆驼种群基因的纯度。

保护区内自然环境和气候的变化，以及天敌对野骆驼影响较大。近年来，干燥的气候使多个泉眼干涸，小溪断流。为此，保护区在斯班泉、黄杨沟、胡杨泉等地实施的山谷管线引水工程，将部分山谷泉水从陡险山涧引出峡谷，修建了蓄水池，使野骆驼的饮水环境逐渐得到改善。危害野骆驼的主要天敌有狼、雪豹和豺，其中狼是野骆驼的主要天敌。2015年4~6月，发现野骆驼骨骸3处，主要分布在阿奇克谷地和黄羊沟的河滩上，骨骸附近大都发现了狼的粪便、爪印等痕迹；2015年11月底，又发现死亡1只成年母骆驼，周围有狼粪便痕迹。

8.2.5 救护状况

近10年来，安南坝保护区共救护8峰野骆驼，并在冬格列克保护站建立了野骆驼救护中心。其中，2012年4月救护驼羔2峰（2♂），后调入阿克塞县动物园；2015年3月救护2峰驼羔，后调入甘肃濒危动物研究中心；2015年12月救护1峰成驼（♂，混入家骆驼群中被牧民捕捉），短暂饲养后于2016年3月标记放归；2014年2月救护驼羔3峰（1♂2♀），饲养到2019年春天后放归，2野骆驼救护中心，目前野骆驼救护中心仅余1峰。

8.3 讨论

本调查采用3种计算方法，其中采用Distance和Gate截线法精度较低，误差限较大而舍去。由于野骆驼以群出现，遇见种群大小不等为1~16只；且其活动范围大，对调查车辆比较敏感，野外遇见率非常低，导致调查的路线分布不甚均匀，因此这2种方法不适合使用在野骆驼上。本研究最终采纳基本样线法，但今后的工作中还需要寻找1个理想的数学模型，或者采用DNA指纹技术和样线法结合的方式来调查。

自1994年以来，John Hare 认为阿尔金山北麓及库姆塔格沙漠南沿是中国野骆驼的主要栖息地之一。他在1995年观察到106峰野骆驼，包括安南坝49峰，估计该区域野骆驼数量可达250~300峰。安南坝保护区于1997年秋至2001年春，对该地区进行了4次考察，共观察到11群85峰野骆驼，群平均为7.5峰，最大的群体为21峰。第一次全国野生动物调查（2000年）表明，阿尔金山北麓及阿奇克谷地有野骆驼380峰，但未调查安南坝保护区。2009年2月，陶辽汗、海拉提在保护区巡察中，在拉配泉一带观察到野骆驼6群55峰。第二次调查（2015年）表明，罗布泊、安南坝和西湖保护区的野骆驼分布面积均有所缩小，主要集中在库姆塔格沙漠周边和阿尔金山一带，该区域种群约在900峰左右。

尽管野骆驼不断往返于上述3个保护区之间，但在春季4月，野骆驼会大量出现在安南坝黄羊沟一带产羔；即使到了7月，仍然有部分野骆驼在此活动，如2019年7月12日，在卡拉塔什塔格发现母子2峰野骆驼。因此，黄羊沟是阿尔金山北麓的重要保护地。

关于野骆驼季节性迁徙，说法不一。袁国映和张宇（2012）认为在阿尔金山一带，野骆驼春夏季节沿着山谷迁往阿尔金山海拔较高处活动，秋冬季节在海拔较低的阿奇克谷地、库姆塔格沙漠边缘等地活动；而吴三雄和袁海峰（2010）认为，野骆驼在西湖保护区不同季节均可见到，没有上述规律体现。本研究不支持袁国映的观点，表现在冬季阿尔金山容易见到多群骆驼。原因是11月至翌年2月正是采矿停止的时间，车辆、人类活动较少，因而野骆驼觅食扩散至此。当然，受气候炎热影响，更多野骆驼春夏季节会沿着山谷迁往阿尔金山海拔较高处活动，2015年4月中旬，曾在红沟发现1群7峰；2018年7月下旬也见到2峰野骆驼在苦水河口一带；不过，调查中也发现有野骆驼一直在浅山大滩上活动，如2018年8月初在冬格列克西发现4峰（2母2子）。总之，野骆驼在安南坝是否有季节性迁徙还是游荡性活动，还需要更深入地研究。

野骆驼栖息地质量主要与植被和水源质量有关。植被的分布限于水源地周围及季节性洪水汇集地带，而呈不连续的斑块状分布。阿尔金山北坡为该区域最大降水带，其山前倾斜平原得到更多的汇水而促进了植被的生长；而库姆塔格沙漠周围水源质量的提升，更能反映其对野骆驼的影响。如从2017年7月起，每年党河、疏勒河向敦煌西湖保护区下泄生态水。结果是，2018年2月24日在大马迷兔段清水沟发现31峰野骆驼；2020年3月4日土豁落和天桥墩一带红外相机拍摄到35峰左右。

8.4 建议

8.4.1 恢复改善野骆驼栖息地质量

继续实施人工引水工程，将南部阿尔金山冰雪融水用管线从东南至西北主流分岔引向库姆塔格沙漠前沿，区间设置若干饮水池，补充野生动物饮水水源。将区域内处于山谷较深的泉水用引水管线引出山谷，改善野骆驼饮水环境。有条件时拆除区域内铁丝围栏，给野骆驼创造更大的活动空间。

8.4.2 构建"互联网+生态"管理模式

加快数字信息化监测在野骆驼研究中的应用，将现有网络光纤的视频布控在主要道路、野骆驼主要通道、饮水点处，充分发挥其在野骆驼监测中的主导作用。同时，依托现有网络光纤，应用无线网桥、红外相机、无人机监测等监控手段，为野骆驼构建天地空一体的监测网络体系。

8.4.3 加大科研力度

安南坝地理位置比较特殊，具有明显的区位优势。南部是高大的阿尔金山山脉，西部是干燥的库姆塔格沙漠和罗布泊，东边、北边是河西走廊的西端，高地寒漠动物群、高山草原动物群和荒漠动物群等各种类群动物在此过渡交汇，具有较高的生态学研究价值。但是，自保护区成立以来，对重点保护对象——野骆驼的活动规律依然没有翔实的数据去支撑，现实带来的问题在于进行有关野骆驼研究时，特别是不同季节出现突发事件时，存在无法准确、快速找寻到野骆驼的现实困难，不能有效进行种群管理。因此，应加快开展安南坝保护区野骆驼活动规律研究，野骆驼利用水源规律研究、野骆驼、野驴的种间竞争关系研究以及野生动物疫源疫病监测研究。

第九章　安南坝保护区荒漠鼠类多样性研究

摘要：为了掌握安南坝保护区的鼠类多样性情况，于2018~2019年间采用铗日法对鼠类群落进行调查。结果显示，捕获鼠类124只，分属3科6属9种；其中三趾跳鼠（Dipus sagitta）、子午沙鼠（Meriones meridianus）和柽柳沙鼠（Meriones tamariscinus）为保护区优势鼠种。经聚类和PCA分析，安南坝保护区鼠类可划分为2个群落：荒漠耐旱群落广泛分布于保护区各生境，耐旱-喜湿混合群落主要分布在芦苇群系和柽柳群系生境。在调查的10种生境中，芦苇群系生境的丰富度指数和多样性指数均高于其他生境。除环境因素外，鼠类群落的多样性受群落内鼠种数目和物种分配的均匀程度2个因素影响。鼠类垂直分布表现出在1400~1800m和2600~3000m海拔分布的鼠种多，呈现出中间低两头高的趋势。由此可见，生境类型和海拔高度影响着安南坝保护区的鼠类群落结构。

西北地区是我国荒漠集中分布地区，是典型的脆弱生态系统，包括新疆全境、西藏北部、青海柴达木盆地、甘肃河西地区和内蒙古阿拉善盟与鄂尔多斯的西部地区（付和平，2018）。荒漠生态系统具有野生动植物种类少、单位面积生物量小的特点。啮齿类和羚羊类是荒漠中的优势动物物种，且啮齿动物的种群动态变化，对荒漠生态系统的稳定有着重要的影响。啮齿动物群落研究一直是荒漠生态学研究的热点，这些基础研究涉及区系组成、群落结构、分布特征、物种多样性、种群动态以及不同干扰因素下的群落格局和过程等，也反映了不同地理单元、不同生境鼠类种群活动的差异性和复杂性。

安南坝是以野骆驼为保护对象的荒漠生态系统类型的自然保护区。地貌以高山、戈壁、沙漠等为主，植被类型稀少。野骆驼主要采食猪毛菜、合头草、梭梭、骆驼刺、沙葱、芦苇等，而鼠类常与野骆驼竞争食物。如沙鼠喜居于梭梭生境，采食梭梭枝条，同时在林下打洞，破坏梭梭根系，对野骆驼的生存产生影响（张振明等，2013）。鼠类一般采取R对策，当条件满足时鼠类种群会爆发性增长，破坏植物生长的基底，加速草场退化，并压缩野骆驼的食物生态位空间。同时鼠类身上携带大量病菌等微生物，可直接或通过体外寄生虫传播给野骆驼等其他动物，严重影响保护区生态安全。本文通过野外调查，掌握鼠类的群落结构和分布现状，为保护区鼠害监测和防治提供数据支持。

9.1 研究方法

9.1.1 样地选择

本次调查于2018~2019年分别在保护区选取了25个调查点（见图9-1）。调查点基本涉及保护区全部植被类型，为温带阔叶林、盐化草甸、温带荒漠、温带灌丛、高寒荒漠5种植被类型，包括胡杨群系、芨芨草群系、芦苇群系、梭梭群系、膜果麻黄群系、红砂群系、合头草群系、水柏枝群系和驼绒藜群系9个植物群系，同时调查点还设有一个人工菜地。本区的荒漠植被相对单一，生境的命名采用其优势种作为植被类型名称。记录调查点的地理位置、气候状况和植被信息。

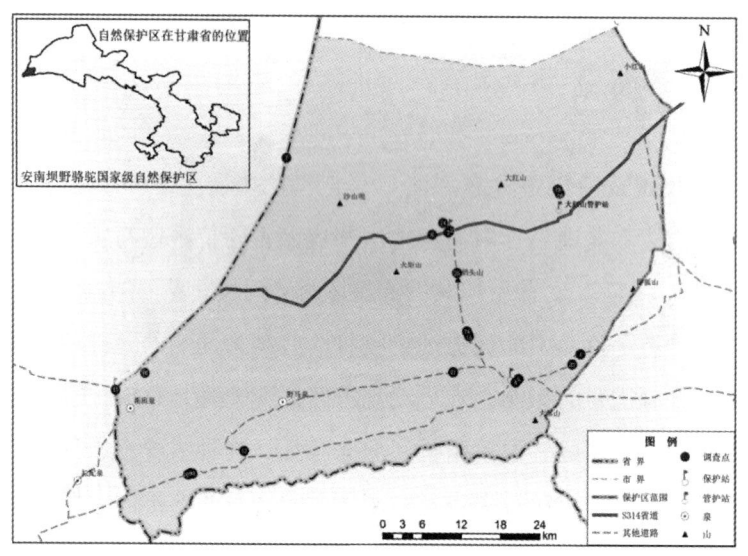

图9-1 研究区位置和调查点示意图

9.1.2 调查方法

本调查选在7~8月进行，此时正是鼠类最活跃的季节。每个调查点按照样线法布铗，样线3~5条，30只铗一组直线排列，铗距10m、行距20m。选用中号鼠铗捕捉，诱饵为菜油浸湿的葡萄干，每日傍晚布铗第二日清晨收回。捕获后记录鼠种类和数量，并称重、测量和记录性别。同时在每个调查点中随机设置一个8m×8m的植物调查样方，统计样方内植物名、平均高度、冠幅、多度、频度、盖度等指标。

9.1.3 数据分析方法

研究计算物种丰富度、物种多样性、物种均匀度、生态优势度等指标。

（1）丰富度指数（richness index）采用Margalef（1985）的计算方法：

$$R=(S-1)/\ln N$$

式中，R为群落物种丰富度指数；S为物种数；N为群落中所有物种个体数。

（2）物种多样性（species diversity）用Shannon-Wiener指数表示：

$$H=-\sum P_i \ln P_i$$

式中，H为多样性指数；P_i为i个体在群落中的比例。

表9-1 安南坝保护区样方植物群落信息

植物群落	小地名	样方编号	经度（E）	纬度（N）	海拔高度/m	盖度/%	植被类型	伴生植物
胡杨群系	多坝沟	17	93°26′2″	39°47′52″	1448	15	温带阔叶林	柽柳、罗布麻、胀果甘草
芨芨草群系	赛马沟	1	93°10′30″	39°17′19″	3030	26	盐化草甸	大花蒿、羊胡子、中亚紫菀木
	安南坝河	5	93°3′53″	39°15′17″	2860	6		红砂、芨芨草、松叶猪毛菜
	斯木图	12	92°34′32″	39°9′18″	2687	14		蒙古韭、大花蒿、合头草
	冬格列克	22	93°9′39″	39°16′29″	3142	15		蒙古韭、薹草、中亚紫菀木
芦苇群系	苦水河	8	92°28′55″	39°7′25″	2637	5	盐化草甸	白刺、盐爪爪、芨芨草
	苦水河	9	92°28′42″	39°7′26″	2637	16		白刺、盐爪爪
梭梭群系	黄羊沟	7	92°36′37″	39°33′33″	1632	7	温带荒漠	刺沙蓬、阿拉善单刺蓬
膜果麻黄群系	冬格列克	6	92°54′40″	39°26′56″	2130	10	温带荒漠	合头草、裸果木、霸王
	冬格列克	14	92°55′50″	39°27′53″	2100	7		合头草、红砂、裸果木、霸王
	乌什喀特	16	92°23′41″	39°15′31″	1679	11		红砂、合头草、中亚紫菀木

续表

植物群落	小地名	样方编号	经度（E）	纬度（N）	海拔高度/m	盖度/%	植被类型	伴生植物
红砂群系	冬格列克	2	92°56′24″	39°27′7″	2133	5	温带荒漠	红砂、裸果木
	乌什喀特	11	92°20′27″	39°14′8″	2193	6		红砂、蒙古韭、大花蒿
合头草群系	冬格列克	15	92°58′37″	39°18′43″	2341	8	温带荒漠	红砂、裸果木、松叶猪毛菜
	大红山	18	93°8′18″	39°30′19″	2099	13		白沙蒿、裸果木、中亚紫菀木、猪毛菜
	大红山	19	93°8′6″	39°30′38″	2105	6		红砂、裸果木
	冬格列克	24	92°58′24″	39°19′6″	2531	9		红砂、沙拐枣、蒙古韭
	冬格列克	25	92°57′20″	39°23′49″	2285	7		猪毛菜、霸王
水柏枝群系	安南坝河	4	93°3′35″	39°15′1″	2830	14	温带灌丛	甘青铁线莲、赖草、蒙古韭
	安南坝河	20	93°3′37″	39°15′3″	2817	20		芨芨草、青藏薹草、针茅
驼绒藜群系	苦水河	10	92°28′26″	39°7′20″	2630	11	高寒荒漠	合头草、中亚紫菀木
	苦水河	13	92°28′26″	39°9′18″	2679	8		合头草、镰芒针茅、蒙古韭
	安南坝沟	21	92°56′56″	39°15′48″	2844	13		白沙蒿、芨芨草、驼绒藜、金露梅、沙葱
人工菜地	冬格列克	3, 23	92°56′34″	39°27′17″	2126	—		赖草、灰绿葱

（3）均匀度（evenness）用Pielou（1975）均匀度指数（J）表示：

$$J=H/H_{max}，H_{max}=\ln S$$

式中，J为均匀性指数，H为多样性指数，S为物种数。

（4）生态优势度（dominance）用Simpson（1949）生态优势度指数（D）表示：

$$D=\Sigma(p_i)^2$$

式中，D为生态优势度指数，p_i为i个体在群落中的比例。

（5）聚类分析

利用SPSS 21.0对10种生境进行聚类分析和PCA分析，聚类分析以各生境鼠种类和数量作为分类单元，将余弦作为聚类的相似系数进行。

9.2 结果与分析

9.2.1 鼠种组成

调查期间共布设铗次3370个，捕获9种、124只鼠，捕获率为3.68%（见表9-2）。这些鼠种由跳鼠科（Dipodidae）、鼠科（Muridae）和仓鼠科（Cricetidae）组成。其中，跳鼠科2属2种，即三趾跳鼠（*Dipus sagitta*）、长耳跳鼠（*Euchoreutes naso*）；鼠科2属3种，即柽柳沙鼠（*Meriones tamariscinus*）、子午沙鼠（*Meriones meridianus*）、大沙鼠（*Rhombomys opimus*）；仓鼠科2属4种，即灰仓鼠（*Cricetulus migratorius*）、藏仓鼠（*Cricetulus kamensis*）、长尾仓鼠（*Cricetulus longicaudatus*）和根田鼠（*Microtus oeconomus*）。

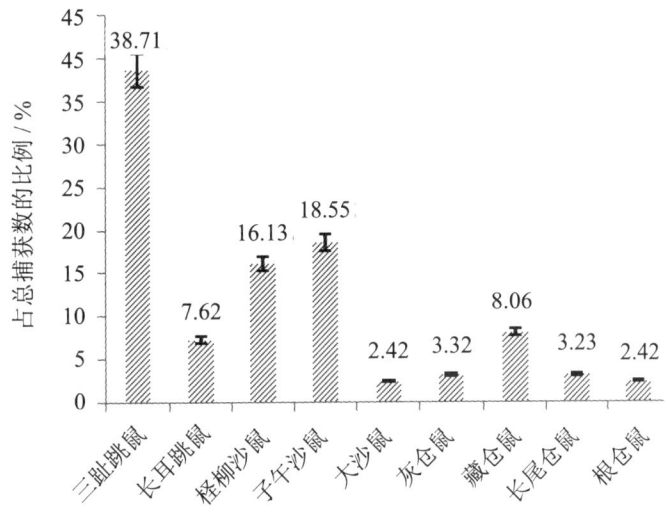

图9-2 安南坝保护区捕获的鼠种组成

依据科的种类数量占比可知，跳鼠科数量最多（57只），其次是鼠科（46只），仓鼠科最少，也达到21只，它们分别占总捕获数的45.97%、37.10%和16.94%，表明跳鼠科在荒漠鼠种中占有优势地位。由图9-2可知，三趾跳鼠在捕获鼠中占比最大，为38.71%，其次是子午沙鼠和柽柳沙鼠。它们不仅数量占比大，而且出现的生境类型最多，是保护区的优势种（见表9-2）。三趾跳鼠在芨芨草群系中所占比例为100%，在梭梭群系和驼绒藜群系中所占比例达到60%以上，为以上3种生境的绝对优势种；子午沙鼠在除芨芨草群系、梭梭群系和水柏枝群系之外的生境类型中均有分布，且在人工菜地中的占比最大，为54.55%；柽柳沙鼠相比子午沙鼠，除在胡杨群系中未发现外，

表9-2 安南坝保护区各生境鼠类组成

种类组成/%Rodent composition

生境	捕获数/只	三趾跳鼠	长耳跳鼠	柽柳沙鼠	子午沙鼠	大沙鼠	灰仓鼠	藏仓鼠	长尾仓鼠	根田鼠
胡杨群系	6	0.00	0.00	0.00	33.33（2）	0.00	0.00	66.67（4）	0.00	0.00
芨芨草群系	7	100.00（7）	0.00	0.00	0.00	0.00	0.00	0.00	0.00	0.00
芦苇群系	11	0.00	0.00	9.09（1）	18.18（2）	0.00	18.18（2）	18.18（2）	18.18（2）	18.18（2）
梭梭群系	3	66.67（2）	0.00	33.33（1）	0.00	0.00	0.00	0.00	0.00	0.00
膜果麻黄群系	35	22.86（8）	20.00（7）	28.57（10）	28.57（10）	0.00	0.00	0.00	0.00	0.00
红砂群系	8	37.50（3）	25.00（2）	25.00（2）	12.50（1）	0.00	0.00	0.00	0.00	0.00
合头草群系	17	41.18（7）	0.00	29.41（5）	5.88（1）	17.65（3）	0.00	5.88（1）	0.00	0.00
柽柳群系	4	0.00	0.00	0.00	0.00	0.00	50.00（2）	0.00	25.00（1）	25.00（1）
驼绒藜群系	22	72.73（16）	0.00	4.55（1）	4.55（1）	0.00	0.00	13.64（3）	4.55（1）	0.00
人工菜地	11	45.45（5）	0.00	0.00	54.55（6）	0.00	0.00	0.00	0.00	0.00
总计	124	386.39	45	129.95	157.56	17.65	68.18	104.37	47.73	43.18

其余生境类型也均有分布。藏仓鼠在胡杨群系、芦苇群系、合头草群系和驼绒藜群系4种生境类型中有分布；长耳跳鼠仅在膜果麻黄群系和红砂群系2种生境中发现，它们分别占总捕获鼠的8.06%和7.26%。长尾仓鼠在芦苇群系、水柏枝群系和驼绒藜群系3种生境中均有分布，灰仓鼠仅在芦苇群系和水柏枝群系中分布，它们均占总捕获鼠量的3.23%。大沙鼠和根田鼠捕获数量最少，为2.42%。大沙鼠仅在合头草群系中捕到，根田鼠在芦苇群系和水柏枝群系中分布。

9.2.2 鼠类群落特征

群落的多样性和稳定性，是反映群落的独特性和群落功能的重要特征。一个群落的种类组成及各个种类所含的数量，不仅在一定程度上反映该生境的特征，而且体现了群落的发育阶段和稳定性（张新华 等，2016）。

由表9-3可知，芦苇群系丰富度指数最高，为2.0852，这与芦苇群系水源充足，植物种类丰富，鼠类栖息环境适宜有关；其次是红砂群系、水柏枝群系、合头草群系和驼绒藜群系，分别为1.4427、1.4427、1.4118和1.2941。梭梭群系、膜果麻黄群系、胡杨群系和人工菜地丰富度指数较低。鼠类多样性指数与丰富度指数有所差异，芦苇群系多样性指数依旧最高（1.7678），其次是膜果麻黄群系、合头草群系和红砂群系生境，鼠类多样性分别为1.3751、1.3647和1.3209；芨芨草群系多样性指数最低（0）。驼绒藜群系、人工菜地和胡杨群系多样性指数差距不大。芨芨草群系所有调查点均仅捕获到三趾跳鼠，其丰富度指数和多样性指数均为0。各变量相关性可知物种数与多样性指数、丰富度指数显著相关（见表9-4）。

均匀度指一个群落或生境中全部物种数目的分配状况，反映各物种个体数目分配的均匀程度（孙儒泳，2001）。由表9-3可知，膜果麻黄群系、芦苇群系和人工菜地鼠类均匀度指数相近（0.99），均高于其他生境。其次是红砂群系和柽柳群系，分别为0.9528和0.9464。芨芨草群系鼠类均匀度指数最低（0）。鼠类均匀度指数除芨芨草群系和驼绒藜群系生境较低外，其余生境数值差距不大，均集中在0.8~1之间。生态优势度指数是反映各物种种群数量的变化情况，其数值越大说明群落内优势物种的地位越突出（孙儒泳，2001）。芨芨草群系优势度指数最高（1），其次是胡杨群系（0.5556）、梭梭群系（0.5556）、驼绒藜群系（0.5537）。芦苇群系生态优势度指数最低（0.1736）。一般来说，物种多样性与生态优势度呈负相关。芨芨草群系植被类型单一，形成了单优势种群落，生态优势度较其他植被类型高。

表9-3 各生境鼠类群落特征指数

生境	丰富度指数R	多样性H	均匀度J	生态优势度D
胡杨群系	0.5581	0.6365	0.9183	0.5556
芨芨草群系	0.0000	0.0000	0.0000	1.0000
芦苇群系	2.0852	1.7678	0.9866	0.1736
梭梭群系	0.9102	0.6365	0.9183	0.5556
膜果麻黄群系	0.8438	1.3751	0.9919	0.2555
红砂群系	1.4427	1.3209	0.9528	0.2813
合头草群系	1.4118	1.3647	0.8479	0.2941
水柏枝群系	1.4427	1.0397	0.9464	0.3750
驼绒藜群系	1.2941	0.9248	0.5746	0.5537
人工菜地	0.4170	0.6890	0.9940	0.5041

表9-4 各变量之间的相关系数

变量	捕获数/只	物种数	多样性指数	丰富度指数	均匀度指数	优势度指数
捕获数/只	1					
物种数	0.481	1				
多样性指数	0.402	0.889**	1			
丰富度指数	0.069	0.871**	0.871**	1		
均匀度指数	0.083	0.361	0.677*	0.514	1	
优势度指数	−0.336	−0.766**	−0.965**	−0.803**	−0.837**	1

注："**"表示在0.01水平（双侧）上显著相关，"*"表示在0.05水平（双侧）上显著相关。

9.2.3 鼠类群落的分类

由图9-3可知，当弦距离为20时，可明显分出2个群落类型。群落Ⅰ包括芦苇群系、水柏枝群系和胡杨群系，该生境出现了以灰仓鼠和藏仓鼠为优势的喜湿类群。群落Ⅱ为其余7个群系，以三趾跳鼠、柽柳沙鼠和子午沙鼠为优势鼠种的荒漠耐旱型类群。当弦距离为10时，群落Ⅱ不变，群落Ⅰ胡杨群系并未与芦苇和水柏枝群系聚在一起。这可能与胡杨群系为荒漠河岸林，林下植被较少，喜湿的藏仓鼠和耐旱的三趾跳鼠偏爱此生境有关。

10个生境类型的PCA排序结果（见图9-4）发现，所有生境被分为3个组：芦苇群系和柽柳群系一组，膜果麻黄群系一组，其余的群系为一组。PCA排序与聚类分析结果存在一定的差异。因膜果麻黄群系生境捕获数量最多，各鼠种间数量也相对均匀而单独成组；但在鼠种组成上，它与胡杨群系、芨芨草群系、梭梭群系等其余7种群系相同。两种方法综合分析，安南坝保护区鼠类群落主要分为在芨芨草、梭梭、红砂等生境活动的荒漠耐旱型鼠类群落和在以梭梭、膜果麻黄为代表生境的耐旱-喜湿混合群落。

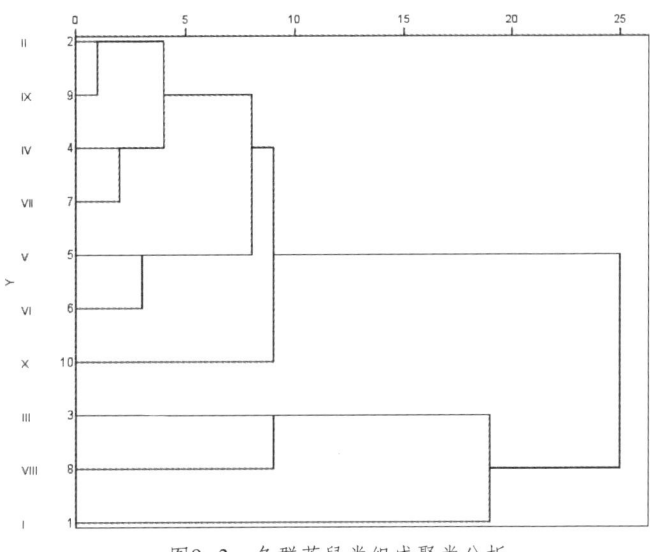

图9-3 各群落鼠类组成聚类分析

注：1：胡杨群系；2：芨芨草群系；3：芦苇群系；4：梭梭群系；5：膜果麻黄群系；6：红砂群系；7：合头草群系；8：水柏枝群系；9：驼绒藜群系；10：人工菜地。

9.2.4 鼠类空间分布

鼠类分布主要受制于气候、地貌和植被条件（靳玉平，2016），安南坝保护区鼠类分布具有明显的地域性，植被类型为其主导因素（见图9-5）。三趾跳鼠、子午沙鼠、柽柳沙鼠广泛分布于安南坝，组成了保护区的鼠类优势类群。三趾跳鼠有16个调查点发现其分布，涵盖了除胡杨群系、芦苇群系和水柏枝群系以外的所有植被类型。子午沙鼠在9个调查点发现，除芨芨草群系、芦苇群系和水柏枝群系外其余植被类型中均有分布。柽柳沙鼠在7个调查点出现，与子午沙鼠分布区域有所差异。柽柳沙鼠在除芨芨草群系、胡杨群系、水柏枝群系和人工菜地之外的的植被类型中出现。可见二者在生境选择、食物资源上有所偏好。长耳跳鼠分布范围较小，只在4个调查点被发现，分别是膜果麻黄群系和红砂群系，而且均集中在冬格列克保护站附近。大沙鼠仅在2个距离相近的调查点发现，植被类型均为合头草群系。

相比跳鼠和沙鼠，仓鼠类分布主要集中在3个区域，分别是重要水源地的安南坝、多坝沟和苦水河。多坝沟仅发现藏仓鼠1种，安南坝和苦水河鼠种类较多坝沟丰富。藏仓鼠在4个调查点发现，分别是胡杨群系、芦苇群系、合头草群系和驼绒藜群系。灰仓鼠、长尾仓鼠和根田鼠均在芦苇群系和水柏枝群系中发现，另外长尾仓鼠在驼绒藜群系中也有分布。

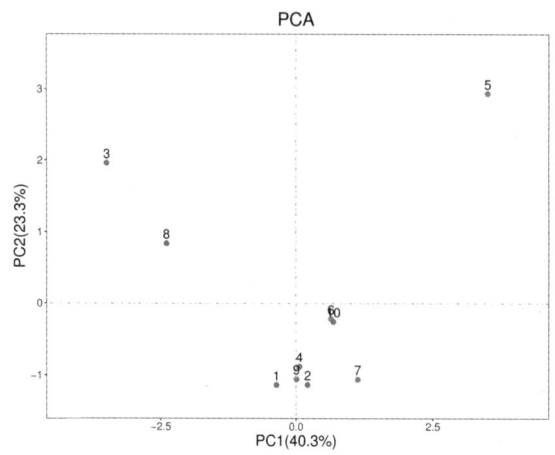

图9-4 安南坝鼠类群落的PCA图
注：1~10同图9-3。

鼠类调查点集中在海拔1448~3030m区间，调查的9种鼠类表现出明显的垂直分布差异（见图9-5）。从海拔梯度上看，三趾跳鼠垂直分布范围最广，在各海拔区间均有分布，最高达到海拔3000m以上。其次是藏仓鼠、子午沙鼠和柽柳沙鼠。藏仓鼠垂直分布范围较子午沙鼠宽，然而二者都呈不连续分布，它们分别在海拔1800~2200m和2200~2600m处未发现。柽柳沙鼠呈连续分布，但垂直范围较子午沙鼠略窄。其余5种鼠类在垂直分布宽度上都相对较窄，灰仓鼠、长尾仓鼠和根田鼠分布区域较高，只在2600~3400m海拔范围内分布；大沙鼠和长耳跳鼠分别活动在海拔1400~2200m和2200~2600m范围内。

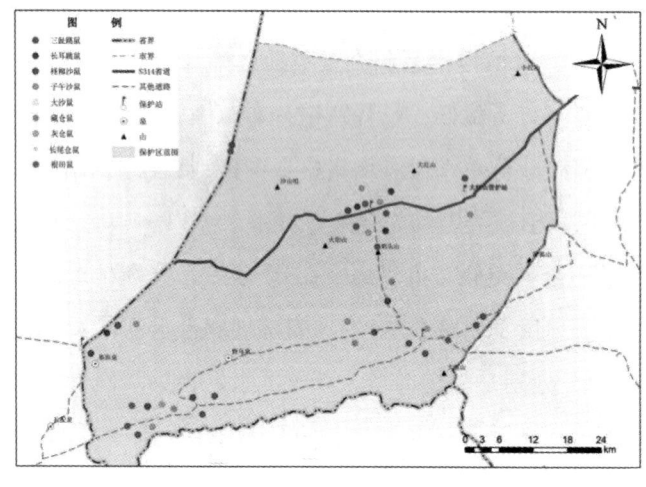

图9-5 安南坝保护区鼠类水平分布图

9.3 讨论

通过对安南坝鼠类所做的调查，基本掌握了该区鼠类的群落结构和分布状况。本次共捕获到鼠类3科6属9种，以三趾跳鼠、子午沙鼠和柽柳沙鼠为主的荒漠鼠种构成了安南坝啮齿类的重要组成，跳鼠主要栖息于砾石戈壁、沙鼠主要栖息于沙质戈壁；仓鼠类受限于水分分布而主要集中在河谷地带。

柽柳沙鼠在保护区的冬格列克和乌什喀特均有分布，捕获率大于其他鼠类，是保护区的优势种。柽柳沙鼠是严格的夜行性动物，不冬眠，洞穴一般单个存在且构造简单。与其他沙鼠相比，它更偏爱水分较高的食物。我们的结果不同于前人，以往的研究表明，大沙鼠是安南坝的主要害鼠，在主要危害区（多坝沟和小红山）的密度可达到75~93只/hm^2（白升选，2011；张振明，2013）。大沙鼠喜食梭梭、盐爪爪、白刺、柽柳等固沙植物及其种子，食物条件、地形特点和植被覆盖度是影响大沙鼠栖息地选择的3个重要因素（赵天飙，2000、2006）。然而，本次调查捕获的大沙鼠数量较少，且仅在东格列克合头草群落中发现，而在多坝沟也未发现，在梭梭较丰富的黄羊沟及盐爪爪生长茂盛的苦水河也未捕获，这说明大沙鼠在特定的地理环境中的分布是有差异的，且可能年际波动变化很大，需要长期的动态监测来获得种群发展的时空规律。

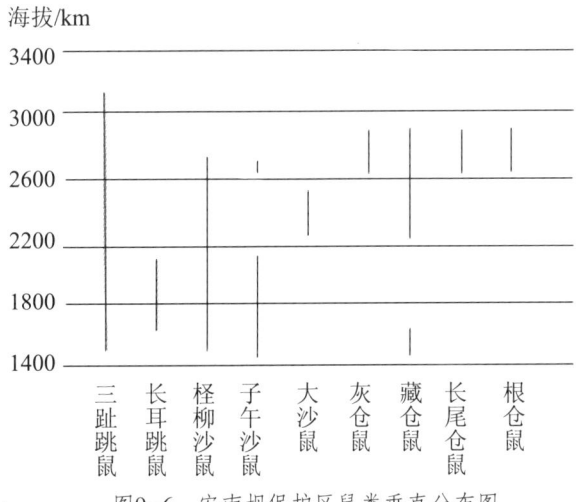

图9-6 安南坝保护区鼠类垂直分布图

鼠类多样性与其生境的复杂程度有一定关系。不同生境类型中，其群落结构越复杂，保有的生物量越高，生物资源越丰富，群落多样性指数就越高（孙儒泳，

2001）。乌云嘎（2014）在阿拉善荒漠区的研究表明，鼠类群落多样性受生境植物组成异质性的影响明显，植物的盖度和密度是关键环境影响因子，但在不同季节会有所差异。本研究支持乌云嘎（2014）的观点，丰富度指数和多样性指数最高的均为芦苇群系。芦苇生态幅很广，是多种植物群落的伴生种。在安南坝保护区主要分布在有季节性积水的湖盆及盐化草甸上，形成小面积的沼泽型芦苇群落。

鼠类多样性分布格局也受制于垂直梯度的影响，并呈现一定的规律性分布（李俊生，2007）。在贺兰山，鼠类多样性指数与海拔呈现正相关，总体表现为中间高两头低的趋势，中海拔的物种丰富度、物种多样性、均匀度等是最高的（石锐，2019）。张新华（2016）在井冈山的研究也得到鼠类多样性指数和均匀度指数随海拔升高而增大的结论。本研究与上述有所不同，表现在1400~1800m和2600~3000m海拔分布的鼠种最多，呈现出中间低两头高的趋势。究其原因，上述2区间分布有保护区的重要水源地，为喜湿鼠种提供了生存条件，鼠类分布，特别是荒漠地带水分也是重要的限制因子。宋延龄（2002）在河西走廊的研究印证了鼠种分布与水源的关系，降水对鼠类群落物种组成和多样性起直接的限制作用，同时海拔和人类干扰也是影响的因素。

人类活动和不同干扰成都会对鼠类群落结构产生影响。如准格尔盆地原生境是梭梭荒漠和砾石荒漠，沙鼠、跳鼠为优势物种；然而人类生产活动后鼠种渐渐被喜潮湿的灰仓鼠或小家鼠所替代（张大铭，1998；杨生妹，2006）。本研究表明，由于人工菜地面积斑块较小，捕获的鼠种与周边合头草群落一致，但捕获率明显高于合头草群落，说明小面积开垦活动并没有对周边鼠类群落组成产生影响，且人类活动提供鼠类丰富的食物和水源，形成鼠类的聚集分布。

第十章　野生动物资源利用及保护

一些高等脊椎动物，特别是鸟类，在对植物花粉、种子的传播，对农田害虫、害鼠的抑制，维持食物链的稳定等方面都发挥着重要的作用。它们的存在不仅维持了自然界的生态平衡，同时也大大丰富了自然界的生物类群，是大自然宝贵的生物资源。因此，对动物实行有效的保护和管理，将为其充分发挥它的生态、社会、经济价值具有重要作用。

10.1　资源动物

安南坝保护区内生活的野生脊椎动物有216种，它们多数都是重要的资源动物。现代动物资源的积极利用包括食物、药材、科研、教学和观赏等方面，本文仅就食用、药用及观赏等方面的开发利用做一简单介绍。

10.1.1　食用动物

人类食用野生动物的历史从远古时期就已经开始，它是人类获得蛋白质的一个重要途径。特别是环境比较封闭地区，生态环境没有来自外界的压力，食物网完整，当地人靠山吃山、靠水吃水，参与生态环境的循环和自然选择的优胜劣汰，在饮食上久而久之就形成了当地特有的饮食文化。这种饮食文化受不同地域的历史、文化、信仰、习俗、习惯以及动物种类和丰富度等影响，所以人们对肉用动物的选择也不尽相同。如广东人喜欢各种蛇类，而东北人喜欢狍子等兽类，甚至有些地区用野猪肉制作香肠，加工成肉松或制作成腊肉等。保护区大部分鸟兽都可以食用，食用兽类主要有蒙古兔、岩羊、鹅喉羚、盘羊、野驴等中大型有蹄类；鸟类中卵、肉用种类最多，有鸭科的绿头鸭等，雉鸡类的雪鸡、石鸡等，沙鸡目的毛腿沙鸡等。但随着人类文明的进步，特别是当下生态文明建设，以及出于公共安全的考虑，对野生动物的保护日益加强，现在不提倡食用野生动物，所以野生动物的利用价值越来越低。

回顾2020年春节前暴发的新型冠状病毒肺炎疫情，已有研究都直指野生动物交易和食用，特别是脏乱的市场，诸多野生动物活体在不自然的状态下聚集在一起，为病毒变异和跨物种感染提供了温床。公共安全与野生动物直接挂钩，让"保护野生动物就是保护人类"的口号有了真实的切肤之痛。而从17年前的SARS到今天的新冠病毒，暴露出我国的《野生动物保护法》等现有法律政策和执行监管中存在漏洞，亟待修订和完善。此后的一项公众意愿调查表明，在近十万被调查者中，赞成全面禁止吃野味的占到95%以上。2020年2月24号，全国人大常委会做出了快速和积极的反应，出台了《关于全面禁止非法野生动物交易、革除滥食野生动物陋习、切实保障人民群众生命健康安全的决定》，并决定由全国人大立即启动修订《野生动物保护法》及相关法律的工作。从上述情况看，今后能够食用的野生动物会越来越少，这也有利于安南坝保护区的野生动物管理工作。

10.1.2 药用动物

人类利用动物治疗疾病已经有上千年的历史，并且具有广泛的地理分布。在印度、坦桑尼亚和乌干达，60%~70%的农村人口仍十分依赖传统医药。由于动物药具有活性成分作用强，使用剂量小，疗效显著等优势，特别是近年来动物药在防治肿瘤等方面的重大研究进展，世界范围内开始重新认识和重视包括动物药在内的一些传统医药。

药用动物在我国的使用历史悠久、种类繁多。远在战国时期《山海经》的"五藏山经"（公元前400—前250年）中就有关于药用动物麝、鹿、犀、熊、牛的记载。我国最早的中药学典籍《神农本草经》就收载动物药65种（占该书365种药物的17.8%）；世界首部国家药典——唐代的《新修本草》将动物药增至128种；明代《本草纲目》记载动物药461种（占该书药物总数的24.4%）；清代《本草纲目拾遗》又收载动物药160种。历史上各少数民族也都有自己防病治病的方法和药物。藏医《四部医典》中记载动物药80种，《蒙医正典》记载动物药137种，其中有以野猪粪、狼舌、雕粪、孔雀尾入药者，与汉族用药有明显的不同。此外，还存在着许多独特的民间动物药的单验方。安南坝保护区所在的县主要是哈萨克族，他们长期在高寒草原游牧生活，形成了具有自己民族特色的治病理论、方法和药用动物。

历史上有些药用动物是在国内广泛使用的，有些是作为特定区域的哈萨克民族药物使用。安南坝保护区药用种类较多，如兽类主要有刺猬、蝙蝠类、鼠兔、赤狐、雪豹、旱獭等；常见鸟类主要有金雕、大杜鹃、戴胜等。它们有的全体入药，有的仅特定部位入药，如金雕用于活血，大杜鹃用于消疫、通便、镇咳，戴胜用于平肝息风、安神镇静等。赤麻鸭、雪鸡、山斑鸠、戴胜、啄木鸟、岩鸽等以肉入药，雕鸮、兀鹫等以肉、胆入药，绿头鸭以羽毛入药，鸡形目鸟类以肌胃内膜（俗称"鸡内金"）入药，麻雀、鸢以脑入药，甚至麻雀的粪便也可以入药，俗称"白丁香"；蝙蝠科的棕蝠等以粪便（俗称"夜明砂"）入药，猫科的雪豹（已禁止）、猞猁等以骨入药，旱獭以脂肪入药治疗烧伤，野骆驼则以掌、驼峰等入药；爬行类的西域壁虎主要在当地以尾入药等。

10.1.3 工业用动物

工业用动物资源主要是用于制裘、制革，提取香料、脂类，制作羽绒及其他工业用途等。保护区内毛皮用动物主要为蒙古兔、豺、狐、猞猁、雪豹、野骆驼、盘羊等。保护区所有鸟类的羽绒都可以用作羽绒衣或被褥填充，但以雁鸭类如大天鹅最好。天鹅翎羽、猛禽类的雕翎羽还是传统的出口物资等，总之羽毛利用价值较高的主要是猛禽类、雁鸭类和雉鸡类。

10.1.4 文化、观赏动物

古往今来，先民与数以万种的动物相互依存，创造了高度发达的传统动物文化，透过若干动物象征意义所表达的信息，令人完全融合在自然界而不分彼此，人与动物心灵相通，利益相关，反映了佛道儒一贯提倡的"天人合一""民胞物与"的基本精神。通过动物象征性和寓意的形式表达某一特定意义是动物独特而传统的写意手法。保护区一些兽类如蝙蝠等，在传统文化中一直是作为吉祥的符号而寓意丰富，或者说民间多用兽类形象组合来表述福禄寿、善、好运、如意等。印象中，蝙蝠是一个高频出现的文字与图案，它与其他动物或祥云或植物组合在一起，象征着好运、吉祥、财富、幸福。与福分有关的典故还包括纳福迎祥、福缘善庆、福山寿海等。

随着人类社会的不断前进，人们亲近自然，爱护自然的意识不断提高，近年来生态旅游的快速发展集中体现了这一点。野生动物的观赏价值主要体现在其鲜艳的羽毛、优美的体姿、委婉动听的鸣声、生态习性的多样性和奇特的行为上，并成为当今生态旅游的重要组成部分。安南坝保护区可供观赏的野生动物资源极其丰富，从观赏动物的体态上来说，哺乳类动物有雪豹、盘羊、野驴、鹅喉羚、岩羊、猞猁、藏狐等，鸟类动物有鸢、金雕、胡兀鹫、雪鸡、草原雕等；从欣赏鸣声上来说，主要在鸟类的雀科中，如柳莺、鸫类等。上述这些物种多是国家的重点保护物种，属于优先保护的野生动物资源。对于这类物种的保护不仅可以更进一步地维护保护区的生态环境，还可以满足游客的心理需求，对人们更加深入地了解大自然、爱护大自然起到了积极作用。

10.1.5 虫鼠害——天敌动物

脊椎动物在复杂的生态系统中占据着一定的地位，处于一定的营养水平。作为"消费者"之一，它们通过复杂的食物链，对生态系统的相对平衡和持续稳定起着一定的调控作用。一些昆虫、啮齿动物给生态系统及人类带来的危害可能是毁灭性的。安南坝自然保护区中食肉的一些鸟类、兽类主要取食昆虫，如伯劳、大杜鹃、戴胜、蝙蝠、猬类等，占保护区动物总数相当大的比例；鹰类、鸦类、狐狸、鼬类又主要取食小型兽类，对小型啮齿类等动物的数量调节具有一定的作用，当然对植被的保护作用也是不言而喻的。其中蝙蝠类、狐狸、杜鹃、山雀、鸦类和鹰类等为优势类群，这些动物由于其自身食性，对于保护区内害虫、鼠害的防治有一定的积极作用。不仅如此，雀科的鸟类多是以植物种子为主食的，它们体型虽小，但个体数量多，繁殖率高，平时以各种植物种子为食，繁殖期也捕食昆虫；这些鸟类是森林害虫、小型害兽的天敌，森林的卫士，它们的存在，在一定程度上可以抑制昆虫的过度滋生和害虫的为害。此外，一些取食植物果实及种子的鸟类如鸦类等，它们在森林的自然更新过程中也起着传播种子的作用。以上这些生态学作用都是不可低估的。

当然，还有些动物如狼、兀鹫、渡鸦等可以起到"清道夫"的作用，它们嗜食的动物尸体，净化水质和环境，是该生态系统中不可或缺的群体。

另外一个不可忽视的方面是动物存在的潜在价值，或者称为动物的选择价值，亦即迄今尚未或尚未充分被人们所认识的价值。保护区的生境保存了一个不断进化的生物遗传材料库，动物遗传材料是其中的一部分，无论这些遗传材料的价值是否已被认识或受到应有的重视，但所有的物种都在积极适应不断变化的环境；同时其自身可能也在发生这样或那样的变化。

10.2 野生动物保护现状

保护区野生动物资源的保护离不开基础数据的获得，这也是制定保护管理措施的主要依据。20世纪50年代末和70年代先后开展的"青海甘肃兽类调查""河西地区野生动物资源调查"，20世纪末、21世纪初Richard B. Harris对盘羊等有蹄类所做的研究以及保护区进行的综合科学考察，基本查清了安南坝兽类、鸟类和爬行类的种类、分布范围、栖息环境等，记录脊椎动物121种，国家重点保护动物28种。随后的"库姆塔格沙漠综合科学考察""中蒙野骆驼种群数量和迁徙规律"等研究，以及阿利·阿布塔里普编著出版的《甘肃西部陆生脊椎动物志》，均对保护区的科研建设起到了重要的支撑作用。

由于历史原因，安南坝保护区内的野生动物在20世纪90年代以前遭受探矿、探险的影响，藏雪鸡、野骆驼、盘羊、鹅喉羚、岩羊等经济价值较高的野生动物遭到盗猎。自1982年成立安南坝省级自然保护区，2006年晋升为国家级保护区以来，通过封山育林、林地资源保护等措施的实施，安南坝保护区荒漠生态系统得到恢复，野生动物栖息环境明显改善，野生动物资源得到有效保护，鸟类、兽类野生种群数量不断增长，栖息范围逐渐扩大；同时，保护区少数民族群众的爱鸟习俗和社会对野生动物的关注也促进了野生动物资源的保护，保护区内的野生动物案件逐年下降，群众性救助野生动物的活动不断增多，全社会保护野生动物的氛围正在形成。

保护区采取了多种保护措施，加大野生动物保护宣传力度，强化执法职能，依法保护，努力提高保护野生动物的能力。充分利用报刊、电视、广播等新闻媒介，大力宣传野生动物保护的重大意义，当地人们的野生动物保护意识不断提高，自2000年以来当地群众多次自愿参与救助野生动物，涉及野骆驼、大天鹅、岩羊等国家级保护动物。同时，林政案件特别是偷猎野生动物案件发生率逐年下降，破案率逐年提高，野生动物得到有效保护。经过本次调查，保护区野生脊椎动物有216种，国家重点保护脊椎动物39种；而且保护区的旗舰种——野骆驼的数量也在不断增加。可以看出，保护区野生动物种类明显增加，种群数量也不断增加，特别是珍稀物种如雪豹、野骆驼、藏野驴的遇见率明显提高，这些都意味着保护成效已经明显显现。

10.3 保护对策

作为一个保护区，最关心的问题应该是如何利用自然循环或其自身的发展使保护区的自然生态系统得到长期稳定和安全的发展，如何使保护区内的资源得到合理的开发利用。因此，根据本次调查结果及相关文献，同时结合邻近保护区的研究及实际情况，针对安南坝自然保护区的资源现状，为保护区如何进行动物资源的保护工作提出以下几点建议，以供参考。

1. 提高野生动物法律保护地位，依法保护野生动物。

随着经济的发展和人民生活水平的提高，野生动物，尤其是濒危野生动物的市场需求将不断扩大，保护管理的难度也会不断加大。在认真贯彻执行《森林法》《野生动物保护法》以及相应的实施条例，通过法律的手段来规范野生动物保护管理和经营利用行为。不断健全和完善《国家重点保护野生动物养繁殖许可证管理办法》《甘肃省实施野生动物保护办法》《甘肃省外国人狩猎管理暂行办法》、甘肃省《狩猎证》、《野生动物猎物运输证》等全国性和地方性法律、法规、条例、制度，特别是对那些目前尚未濒危但开发利用强度很高的一般保护动物，需要将其列为重点保护动物，限制对其野外资源的开发利用活动；对于那些市场需求较大、经济价值较高的动物，禁止或限制开发利用野外资源，鼓励开展驯养繁殖活动；对于濒危种类应禁止对野外资源的开发利用，将有关经营利用活动仅限于人工繁殖的后代。

2. 加强野生动物资源保护的宣传，提高人民群众保护野生动物的积极性。

野生动植物资源的减少主要是由于人类的过度开发利用造成的。因此，要想从根本上解决动植物资源的保护问题就必须加强和提高普通民众对动植物资源的保护意识和积极性，加强对动物生存环境和动物本身的保护。首先，继续深入开展"甘肃省保护野生动物宣传月"和"甘肃省爱鸟周"活动，大力宣传《中华人民共和国野生动物保护法》及相关法律法规，提高动物保护意识。其次，对人民群众进行相关知识的培训，普及动物特别是鸟类知识，引导公众关注并增强对野生动物栖息地的保护意识。人是鸟类周围最重要的生态学因素，鸟类及其栖息地的保护最终要落在基层部门与当地居民身上，只有真正建立起全民爱鸟、护鸟、保护鸟类生存或栖息地的良性机制，才能有效地保护鸟类，维持生态系统的平衡。此外，还应积极推行互利互惠政策，营造保护野生动物及其栖息环境的社会氛围。

3. 加强珍稀特有物种的就地保护和迁地保护。

珍稀保护物种，尤其是有些已经濒临灭绝的动物，它们的存在与否也许对保护区的生态系统不会产生多大影响，但是，作为一种种质资源，如果我们能够对其进行保护甚至使其复壮，不仅有利于生物多样性的发展，对整个生态系统的稳定、发展也都会有一定的积极意义。就地保护是保护生物多样性的最根本的途径。只有在野外，物种才能在自然群落中继续适应变化的环境,进行自我进化过程。对野骆驼、野驴、雪豹等标记其活动区域,并跟踪监测,在动物繁殖及食物缺乏季节,进行人工辅助投喂,以恢复其种群数量。通过人为措施,改善野生动物的水、食物和隐蔽条件,为野生动物的栖息、繁殖创造良好的生态环境。

对于一些濒危物种来说,如果其野生种群数量太少,或适合其生存的自然栖息地已被破坏殆尽,迁地保护越来越显示出其重要性,将成为保存这些物种的一种手段。安南坝保护区应积极开展野骆驼、野驴、雪豹等濒危野生动物的拯救,在有条件的保护站建立养殖场或动物园,对物种的基础生物学进行观察研究,为就地保护的种群提供新的保护策略;减少对野生种群的猎捕压力,还可为实施再引进工程提供种源,重建或壮大有关物种的野生种群。

4. 开展资源监测,加强保护区内动物资源的种群生物学研究。

动物是保护区环境组成的重要部分,它们特有的生理和行为特征都是特定的生物区系和自然选择作用共同作用的结果。因此,应该将保护区内的所有动物看作一个整体而加以保护。同时我们还应该看到一些高度特化的尤其是一些体形较大,数量又较少的肉食或植食动物,它们通常在整个食物链中起着关键作用,这些动物的匮乏将会给整个生态系统带来相当大的影响,因此,对这些物种的保护和管理显得尤为重要。据此,我们应积极开展本底资源调查和资源监测。全面开展安南坝保护区野生动物资源调查,掌握其分布范围、种群数量、栖息环境、生态习性等基础性资料。以管理局为中心,建立资源管护站—保护站—管理局三级监测预报系统,对保护人员进行野生动物监测培训,使他们掌握基本的观测技能;通过资源监测,了解保护区内各种野生动物种群数量的消长和分布区的变迁,对保护区内物种的多样性变化速率及其对群落结构和生态过程产生的影响等进行确定,从而掌握保护区内各种野生动物的现状,为制定、调整保护区的管理政策提供科学依据。

对保护区的种群如濒危种、稀有种、经济种以及生态系统中的优势种、关键种进行种群生态、生殖和种群遗传结构等方面的研究,不仅可以探究这些物种存活、发展的必要条件,还可以掌握整个生态系统的变化规律,解决影响野生动物保护的技术问题,探索有效的保护与管理机制,使资源保护和利用真正有机地结合。

5. 合理开发利用动物资源。

保护区内的每种物种都是长期的自然选择的结果。在这个特定的生物区系和自然环境中，各种动物之间都是相互依存、相互影响、相互制约的。每一种动物在这个群落中都担任着一定的角色，它们之间存在着许多不能确定的关系和对其他物种的兴衰产生影响的作用。我们在对保护区内的动物进行保护时不免会使某些动物的数量偏多而影响整个生态系统的功能。因此，适时对保护区内的动物资源进行开发和利用不仅可以消除这种人为因素对生态系统的影响，还可以获得一部分的经济收入。

6.长期进行野生动物疫源疫病监测，防范生物公共安全事件的发生。

野生动物同家禽家畜一样，会将一些传染病传给人类，甚至人类中的传染病也会传给野生动物，禽流感、鼠疫等在历史上都有详细记载。科学研究表明，近些年来世界各地出现的新发传染病，例如亨德拉、尼帕病毒，H7N9禽流感、埃博拉、中东呼吸综合征，等等，都和蝙蝠、鼠类等野生动物有关。统计发现有超过70%的新发传染病来源于动物。这些病毒本来存在于自然界，与宿主野生动物长期协同演化，达成平衡，但由于人类侵蚀野生动物栖息地，或者食用野生动物，使得这些病毒与人类的接触面大幅增加，给病毒从野生动物到人类的传播创造了条件，危及公共卫生安全。加之交通的便利和人口的流动，使得流行病暴发的概率大大增加。因此，安南坝保护区要长期进行野生动物疫源疫病监测，防范生物公共安全事件的发生。

2018年，国家林业和草原局规定对国家级自然保护区加挂国家级野生动物疫源疫病监测站牌子。现实中动物传染病暴发具有突然性，安南坝保护区应对制度的具体落实认真考虑其可操作性，从而及时、快速发现疫情；应从观察巡查设置、野生动物种群动态监测能力、野生动物异常情况监测能力、野生动物疫病本底调查能力、野生动物疫情应急处置能力、公众宣教与社会化监测能力等方面加强核心能力建设。近几年来我国不断出现动物源疫情，如2019年非洲猪瘟导致养猪者重大损失，也引发部分省区出现野猪疫情；同年，从中亚经新疆的小反刍动物疫从牧区扩散，导致宁夏山区岩羊大面积死亡。而安南坝保护区周边情况也不乐观，2019年阿克塞县发生产气荚膜杆菌疫情，导致大量岩羊死亡。这些现实状况都提醒安南坝保护区应时刻注意野生动物疫病，也要关注辖区内放牧羊、马等可能给野生动物带来的疾病流行。

总之，要使动物得到保护，除了进行动物保护性研究与执行政策法规和加强管理手段外，还要唤起人们对动物资源的保护意识，这几方面密切结合，多管齐下，相信保护区的动物保护工作一定会开创一个新的局面。

参 考 文 献

[1] Bannikov A.Wild camels in the Gobi. Wildlife,1976,18: 398−403.

[2] Dash Y, Szaniawskii A, Child G, et al. Observations on some mammals of the Transaltai. Djungarian and Shargin Gobi, Mongolia. Terre et Vie,1977,31: 587−596.

[3] Han J L,Quan J X, Men Z M, et al. Rapid communication:three unique restriction fragment length polymorphisms of EcoRI, PvuII,and ScaI Digested mitochondrial DNA of Bactrian Camels (*Camelus bactrianus ferus*) in China. J Anim Sci, 1999,77（8）: 2315−2316.

[4] Hare J. "Camelus ferus". IUCN Red List of Threatened Species. IUCN. Retrieved, 2012.

[5] Harrison J A.Revision of the Camelidae（Artiodactyla,Tylopoda）and description of the new genus Alforjas. Palaeont Contr （University of Kansas）, 1979,95:1−27.

[6] Ji R, Cui P, Ding F. Monophyletic origin of domestic bactrian camel （*Camelus bactrianus*） and its evolutionary relationship with the extant wild camel （*Camelus bactrianus ferus*）. Animal Genetics, 2008, 40, 377−382

[7] Lavallee D, Julien M,Wheeler J C, et al.Telarmachay Chasseurs et Pasteurs Prehistoriques es Andes 1. Paris: Editions Recherces sur les civilisations. ADPF,1986:21−59.

[8] Tulgat T, Schaller G. Status and distribution of wild Bactrian camelus. Biological Conservation,1992,62:11−19

[9] Zhirnov LV, Ilyinskii V O. The Great Gobi National Park: A refuge for rare animals of the Central Asian deserts. Moscow: USSR/UNEP Project,Programme for Publication and Informational Support, Centre for International Projects, 1986.

[10] 阿利·阿布塔里普. 甘肃西部陆生脊椎动物志. 兰州：甘肃科学技术出版社，2014.

[11] 白升选，王婷，马尚志，等. 甘肃安南坝野骆驼国家级自然保护区存在的问题及建议对策. 防护林科技，2001，5，94-95.

[12] 陈钧. 野骆驼在甘肃的地理分布. 兽类学报，1984，4（3）：196.

[13] 丁峰，王继和，廖空太，等. 库姆塔格地区野骆驼种群及生境的调查. 干旱区资源与环境，2008，22（9）：149-153.

[14] 尔英德拉. 野骆驼在蒙古国减少的原因. 北京：中蒙野骆驼保护国际会议论文集，2000.

[15] 付和平，不同干扰和空间尺度下荒漠啮齿动物群落生态学及其优势种不育控制研究. 北京：科学出版社，2018.

[16] 谷景和，高行宜，周家镝. 野生双峰驼的分布与现状. 北京：科学出版社，1991.

[17] 谷景和，高行宜. 罗布泊地区的野生双峰驼//夏训诚. 罗布泊科学考察与研究. 北京：科学出版社，1987.

[18] 国家林业局. 中国重点陆生野生动物资源调查. 北京：中国林业出版社，2009.

[19] 贾晓东，刘雪华，杨兴中，等. 利用红外相机技术分析秦岭有蹄类动物活动节律的季节性差异. 生物多样性，2014，06：737-745.

[20] 蒋志刚，马勇. 中国哺乳动物多样性. 生物多样性，2015，23（3）：1-14.

[21] 靳玉平，尚小生. 甘南草原鼠种种类调查与分布研究. 畜牧兽医杂志，2016，3（35）：83-85.

[22] 寇明旭. 哈密-罗布泊铁路对野骆驼迁徙阻隔的影响. 铁路节能环保与安全卫生，2013，3（3）：116-118.

[23] 库姆塔格沙漠综合科学考察队. 库姆塔格沙漠研究. 北京：科学出版社，2012.

[24] 兰新，谷景和，阿布利米提，等. 塔克拉玛干沙漠野生双峰驼的生存现状. 干旱区研究，1998，15（2）：35-39.

[25] 兰州大学生命科学学院，阿克塞县人民政府，阿克塞县林业局. 甘肃安南坝野骆驼国家级自然保护区综合科学考察报告，2002.

[26] 雷富民，卢建利，刘耀，等. 中国鸟类特有种及其分布格局. 动物学报，2002，48（5）：599-610.

[27] 李俊生，刘建泉，张晓岚. 祁连山北坡中段小型哺乳动物群落多样性的垂直分布格局研究，中国生态农业学报. 2007，3（15）：14-17.

[28] 李晟，王大军，肖治术，等. 红外相机技术在我国野生动物研究与保护中的应用与前景. 生物多样性，2014，06：685-695.

[29] 刘少英, 吴毅. 中国兽类图鉴. 福州: 海峡书局, 2019

[30] 马鸣, 欧咏, 段刚. 97中日塔克拉玛干沙漠徒步科学探险报告（生物部分）. 干旱区研究, 1997, 14（3）: 55-58.

[31] 马世来, 马晓峰, 石文英. 中国兽类踪迹指南. 北京: 中国林业出版社, 2001.

[32] 萨根古丽, 张宇, 袁磊, 等. 罗布泊野骆驼国家级自然保护区水环境概况及其保护. 干旱环境监测, 2012, 26（1）: 50-54.

[33] 石锐, 李宗智, 高惠, 等. 内蒙古贺兰山啮齿动物群落多样性及其与环境因子关系. 兽类学报, 2019, 39（6）: 651-661.

[34] 石锐, 张致荣, 高惠, 等. 内蒙古贺兰山啮齿动物种类组成及海拔梯度分布研究. 野生动物学报, 2019, 40（2）: 273-278.

[35] 斯迪. 戈壁地区的珍稀野生动物——记马鬃山地区双峰野骆驼、北山羊和蒙古野驴. 甘肃林业, 2004, 2: 38-39.

[36] 宋延龄, 李俊生, 曾治高. 甘肃河西走廊不同生境中鼠类群落结构初步研究. 生物多样性, 2002, 10（4）: 386-392.

[37] 孙儒泳. 动物生态学原理. 北京: 北京师范大学出版社, 2017.

[38] 孙儒泳. 动物生态学原理. 第3版. 北京: 北京师范大学出版社, 2001.

[39] 王香亭. 甘肃脊椎动物志. 兰州: 甘肃科学技术出版社, 1991.

[40] 乌云嘎, 查木哈, 张晓东, 等. 荒漠区啮齿动物群落与植物因子的冗余分析. 草业科学, 2014, 12（31）: 2323-2332.

[41] 吴三雄, 袁海峰. 甘肃敦煌西湖国家级自然保护区科学考察报告. 北京: 中国林业出版社, 2010.

[42] 徐宏发, 张恩迪. 野生动物保护原理及管理技术. 上海: 华东师范大学出版社, 1998.

[43] 薛亚东, 刘芳, 郭铁征, 等. 基于相机陷阱技术的阿尔金山北坡水源地鸟兽物种监测. 兽类学报, 2014, 34（2）: 164-171.

[44] 杨海龙. 库姆塔格沙漠地区野骆驼栖息地分析及气候变化影响. 中国林业科学研究院, 2011.

[45] 杨生妹, 淮虎银, 张镱锂. 青藏铁路温性草原区铁路运营对啮齿动物群落结构的影响. 兽类学报, 2006, 26（3）: 267-273.

[46] 姚积生. 甘肃安南坝野骆驼国家级自然保护区野骆驼现状及其保护对策. 甘肃林业科技, 2009, 34（2）: 46-49, 61.

[47] 袁国映，李红旭，张莉，等．世界野双峰驼的分布、数量及其保护//中国动物学研究．北京：中国林业出版社，1999．

[48] 袁国映，张宇．罗布泊自然保护区-新疆罗布泊野骆驼国家级自然保护区综合科学考察报告．北京：科学出版社，2012．

[49] 袁国映．实际野生双峰驼的分布、数量及其保护//国际环保局科技发展计划项目-国际野骆驼合作科学考察，1997．

[50] 袁磊，张莉，袁国映，等．野双峰驼各分布区的生存环境差异及评价．生物多样性，1999：7，24-30．

[51] 约翰·马敬能，卡伦·菲利普斯，何芬奇．中国鸟类野外手册．长沙：湖南教育出版社，2000．

[52] 张大铭，艾尼瓦尔，姜涛，等．准格尔盆地啮齿动物群落多样性与物种变化的分析．生物多样性，1998，6（2）：92-98．

[53] 张莉，袁磊．世界野双峰驼各分布区食性分析．新疆环境保护，1996，19（3）：60-64．

[54] 张荣祖．中国动物地理．北京：科学出版社，2002．

[55] 张新华，陈玉，彭萍华，等．井冈山区鼠类群落结构及其垂直分布的生态位研究．福建农业学报，2016，31（2）：179-183．

[56] 张勇，张会斌，刘志虎，等．基于线粒体细胞色素b基因序列的阿尔金山野生双峰驼分子系统发育研究．浙江大学学报（理学版），2008，35（1）：87-91．

[57] 张振明，周永祥．安南坝自然保护区野骆驼生存环境分析及对策研究．甘肃林业科技，2013，29（16）：30-31．

[58] 张振明，周永祥．安南坝自然保护区野骆驼生存环境分析及对策研究．甘肃科技，2013，16（29）：30-31．

[59] 赵天飙，张忠兵，李新民，等．大沙鼠对栖息地的选择．动物学杂志，2000，35（1）：40-43．

[60] 赵天飙．大沙鼠种群空间分布格局、栖息地选择及种群动态的研究．内蒙古大学，2006．

[61] 郑光美．中国鸟类分类与分布名录．北京：科学出版社，2011．

[62] 郑生武，李保国．中国西北地区脊椎动物系统检索与分布．西安：西北大学出版社，1999．

[63] 周旭东，付尔登，袁国映．罗布泊极旱荒漠区的盐泉水文特征．新疆环境保护，2011，33（1）：06-11．

附录 I 甘肃安南坝国家级自然保护区哺乳动物名录

I 劳亚食虫目 EULIPOTYPHLA	
1.猬科 Erinaceidae	东北刺猬 *Erinaceus amurensis*
	大耳猬 *Hemiechinus auritus*
II 翼手目 CHIROPTERA	
2. 蝙蝠科 Vespertilionidae	褐长耳蝠 *Plecotus auritus*
	大棕蝠 *Eptesicus serotinus*
	普通蝙蝠 *Vespertilio murinus*
III 啮齿目 RODENTIA	
3. 松鼠科 Sciuridae	喜马拉雅旱獭 *Marmota himalayana*
4. 仓鼠科 Cricetidae	斯氏高山䶄 *Alticola stoliczkanus*
	灰仓鼠 *Cricetulus migratorius*
	藏仓鼠 *Cricetulus kamensis**
	小毛足鼠 *Phodopus roborovskii*
	长尾仓鼠 *Cricetulus longicaudatus*
	黄兔尾鼠 *Lagurus luteus*
	根田鼠 *Microtus oeconomus*
5. 鼹型鼠科 Spalacidae	高原鼢鼠 *Eospalax fontanieri*
6. 鼠科 Muridae	小家鼠 *Mus musculus*
	大林姬鼠 *Apodemus peninsulae*
	褐家鼠 *Rattus norvegicus*
	子午沙鼠 *Meriones meridianus*
	柽柳沙鼠 *Meriones tamariscinus*
	红尾沙鼠 *Meriones libycus*
	大沙鼠 *Rhombomys opimus*
7.跳鼠科 Dipodidae	五趾跳鼠 *Allactaga sibirica*
	三趾跳鼠 *Dipus sagitta*

续表

7.跳鼠科 Dipodidae	三趾心颅跳鼠 Salpingotus kozlovi	
	五趾心颅跳鼠 Cardiocranius paradoxus	
	长耳跳鼠 Euchoreutes naso	
Ⅳ兔形目 LAGOMORPHA		
8.鼠兔科 Ochotonidae	达乌尔鼠兔 Ochotona daurica	
	大耳鼠兔 Ochotona macrotis	
	红耳鼠兔 Ochotana erythrotis*	
	川西鼠兔 Ochotana gloveri*	
	狭颅鼠兔 Ochotona thomasi*	
	藏鼠兔 Ochotona thibetana	
	黑唇鼠兔 Ochotona curzoniae	
9.兔科 Leporidae	蒙古兔 Lepus tolai	
	灰尾兔 Lepus oiostolus	
Ⅴ食肉目 CARNIVORA		
10.犬科 Canidae	赤狐 Vulpes vulpes	
	藏狐 Vulpes ferrilata	
	沙狐 Vulpes corsac	
	狼 Canis lupus	
	豺 Cuon alpinus	
11.熊科 Ursidae	棕熊 Ursus arctos	
12.鼬科 Mustelidae	黄鼬 Mustela sibirica	
	艾鼬 Mustela eversmanii	
	香鼬 Mustela altaica	
	虎鼬 Vormela peregusna	
	石貂 Martes foina	
13.猫科 Felidae	荒漠猫 Felis bieti*	
	草原斑猫 Felis silvestris	
	猞猁 Lynx lynx	
	兔狲 Otocolobus manul	
	雪豹 Uncia uncia	
Ⅵ偶蹄目 ARTIODACTYLA		
14.牛科 Bovidae	西藏盘羊 Ovis hodgsoni*	
	岩羊 Pseudois nayaur	
	鹅喉羚 Gazella subgutturosa	
15.骆驼科 Camelidae	野骆驼 Camelus ferus	
Ⅶ奇蹄目 ARTIODACTYLA		
16.马科 Equidae	藏野驴 Equus kiang	

附录 II 甘肃安南坝国家级自然保护区鸟类名录

I 鹳形目 CICONIIFORMES	
1.鹭科 Ardeidae	大白鹭 Egretta alba
II 雁形目 ANSERIFORMES	
2.鸭科 Anatidae	大天鹅 Cygnus Cygnus
	绿翅鸭 Anas crecca Linnaeus
	绿头鸭 Anas platyrhynchos
	赤麻鸭 Tadorna ferruginea
	赤膀鸭 Anas strepera
III 隼形目 FALCONIFORMES	
3.鹰科 Accipitridae	白尾鹞 Circus cyaneus
	黑鸢 Milvus migrans
	秃鹫 Aegypius monachus
	胡兀鹫 Gypaetus barbatus
	高山兀鹫 Gyps himalayensis
	白肩雕 Aquila heliaca
	雀鹰 Accipiter nisus
	苍鹰 Accipiter gentilis
	棕尾鵟 Buteo rufinus
	普通鵟 Buteo buteo
	大鵟 Buteo hemilasius
	金雕 Aquila chrysaetos
	白尾海雕 Haliaeetus albicilla
	草原雕 Aquila nipalensis
4.隼科 Falconidae	猎隼 Falco cherrug
	红隼 Falco tinnunculus
	灰背隼 Falco columbarius

续表

4.隼科 Falconidae	燕隼 *Falco subbuteo* Linnaeus
IV 鸡形目 GALLIFORMES	
5.雉科 Phasianidae	斑翅山鹑 *Perdix dauuricae*
	高原山鹑 *Perdix hodgsoniae*
	石鸡 *Alectoris chukar*
	喜马拉雅雪鸡 *Tetraogallus himalayensis*
	藏雪鸡 *Tetraogallus tibetanus*
V 鹤形目 GRUIFORMES	
6.秧鸡科 Rallidae	小田鸡 *Porzana pusilla*
7.鹤科 Gruidae	黑颈鹤 *Grus nigricollis*
VI 鸻形目 CHARADRIIFORMES	
8.鸻科 Charadriidae	金斑鸻 *Pluvialis fulva*
	金眶鸻 *Charadrius dubius*
	环颈鸻 *Charadrius alexandrinus*
9.鹬科 Scolopacidae	白腰草鹬 *Tringa ochropus*
	红脚鹬 *Tringa totanus*
	矶鹬 *Actitis hypoleucos*
	青脚滨鹬 *Calidris temminckii*
VII 沙鸡目 PTEROCLIFORMES	
10.沙鸡科 Pteroclidae	毛腿沙鸡 *Syrrhaptes paradoxus*
VIII 鸽形目 COLUMBIFORMES	
11.鸠鸽科 Columbidae	岩鸽 *Columba rupestris*
	灰斑鸠 *Streptopelia decaocto*
	欧斑鸠 *Streptopelia turtur*
	山斑鸠 *Streptopelia orientalis*
	原鸽 *Columba livia*
	珠颈斑鸠 *Streptopelia chinensis*
IX 鹃形目 CUCULIFORMES	
12.杜鹃科 Cuculidae	大杜鹃 *Cuculus canorus*
	东方中杜鹃 *Cuculus optatus*
X 鸮形目 STRIGIFORMES	
13. 鸱鸮科 Strigidae	雕鸮 *Bubo bubo*
	长耳鸮 *Asio otus*
	短耳鸮 *Asio flammeus*
	纵纹腹小鸮 *Athene noctua*
XI 雨燕目 APODIFORMES	
14.雨燕科 Apodidae	普通雨燕 *Apus apus*
	白腰雨燕 *Apus pacificus*

续表

XII戴胜目 UPUPIFORMES	
15.戴胜科 Upupidae	戴胜 *Upupa epops*
XIII雀形目 PASSERIFORMES	
16.百灵科 Alaudidae	凤头百灵 *Galerida cristata*
	角百灵 *Eremophila alpestris*
	小沙百灵 *Calandrella rufescens*
	短趾沙百灵 *Calandrella cheleensis*
	细嘴短趾百灵 *Calandrella acutirostris*
	云雀 *Alauda arvensis*
	小云雀 *Alauda gulgula*
17.燕科 Hirundinidae	家燕 *Hirundo rustica*
	金腰燕 *Hirundo daurica*
	烟腹毛脚燕 *Delichon dasypus*
	岩燕 *Ptyonoprogne rupestris*
	崖沙燕 *Riparia riparia*
18.鹡鸰科 Motacillidae	白鹡鸰 *Motacilla alba*
	日本鹡鸰 *Motacilla grandis*
	黄头鹡鸰 *Motacilla citreola*
	黄鹡鸰 *Motacilla flava*
	灰鹡鸰 *Motacilla cinerea*
	田鹨 *Anthus richardi*
	东方田鹨 *Anthus rufulus*
19.伯劳科 Laniidae	楔尾伯劳 *Lanius sphenocercus*
	灰背伯劳 *Lanius tephronotus*
	灰伯劳 *Lanius excubitor*
	荒漠伯劳 *Lanius isabellinus*
20.鸦科 Corvidae	喜鹊 *Pica pica sericea*
	红嘴山鸦 *Pyrrhocorax pyrrhocorax*
	达乌里寒鸦 *Corvus dauuricus*
	小嘴乌鸦 *Corvus corone*
	大嘴乌鸦 *Corvus macrorhynchos*
	渡鸦 *Corvus corax*
	黑尾地鸦 *Podoces hendersoni* *
21.岩鹨科 Prunellidae	褐岩鹨 *Prunella fulvescens*
	黑喉岩鹨 *Prunella atrogularis*
	领岩鹨 *Prunella collaris*
	鸲岩鹨 *Prunella rubeculoides*

续表

22.鸫科 Turdidae	赭红尾（水）鸲 *Phoenicurus ochruros*
	黑喉红尾鸲 *Phoenicurus hodgsoni*
	北红尾鸲 *Phoenicurus auroreus*
	红腹红尾鸲 *Phoenicurus erythrogaster*
	蓝额红尾鸲 *Phoenicurus frontalis*
	白腹短翅鸲 *Hodgsonius phoenicuroides*
	穗䳭 *Oenanthe oenanthe*
	漠䳭 *Oenanthe deserti*
	沙䳭 *Oenanthe isabellina*
	白顶䳭 *Oenanthe hispanica*
	白背矶鸫 *Monticola saxatilis*
	虎斑地鸫 *Zoothera dauma*
	白眉鸫 *Turdus obscurus*
	黑胸鸫 *Turdus dissimilis*
	黑颈鸫 *Turdus atrogularis*
	棕背黑头鸫 *Turdus kessleri* *
	槲鸫 *Turdus viscivorus*
	灰头鸫 *Turdus rubrocanus*
	赤颈鸫 *Turdus ruficollis*
	红尾鸫 *Turdus naumanni*
	斑鸫 *Turdus eunomus*
23.鹟科 Muscicapidae	斑鹟 *Muscicapa striata*
	红喉姬鹟 *Ficedula parva*
24.扇尾莺科 Cisticolidae	山鹛 *Rhopophilus pekinensis* *
25.莺科 Sylviidae	白喉莺 *Sylvia curruca blythi*
	漠白喉林莺 *Sylvia minula*
	斑胸短翅莺 *Bradypterus thoracicus*
	褐柳莺 *Phylloscopus fuscatus*
	黄眉柳莺 *Phylloscopus inornatus*
	花彩雀莺 *Leptopoecile sophiae*
26.戴菊科 Regulidae	戴菊 *Regulus regulus*
27.攀雀科 Remizidae	攀雀 *Remiz consobrinus*
28.文须雀科 Panuridae	文须雀 *Panurus biarmicus*
29.山雀科 Paridae	地山雀 *Pseudopodoces humilis* *
	白眉山雀 *Parus superciliosus* *
30.旋壁雀科 Tichidromidae	红翅旋壁雀 *Tichodroma muraria*

续表

	山麻雀 *Passer rutilans*
	家麻雀 *Passer domesticus*
	黑顶麻雀 *Passer ammodendri*
31.雀科 **Passeridae**	麻雀 *Passer montanus*
	石雀 *Petronia petronia*
	棕颈雪雀 *Pyrgilauda ruficollis* *
	白腰雪雀 *Onychostruthus taczanowskii* *
	褐翅雪雀 *Montifringilla adams*
	白斑翅雪雀 *Montifringilla nivalis*
	燕雀 *Fringilla montifringilla*
	高山岭雀 *Leucosticte brandti*
	普通朱雀 *Carpodacus erythrinus*
	沙色朱雀 *Carpodacus synoicus*
	白眉朱雀 *Carpodacus dubius*
	拟大朱雀 *Carpodacus rubicilloides*
32.燕雀科 **Fringillidae**	红交嘴雀 *Loxia curvirostra*
	黄雀 *Carduelis spinus*
	金翅雀 *Carduelis sinica*
	锡嘴雀 *Coccothraustes coccothraustes*
	白斑翅拟蜡嘴雀 *Mycerobas carnipes*
	黄嘴朱顶雀 *Carduelis flavirostris*
	蒙古沙雀 *Bucanetes mongolicus*
	巨嘴沙雀 *Rhodospiza obsoleta*
	灰眉岩鹀 *Emberiza godlewskii*
33.鹀科 **Emberizidae**	三道眉草鹀 *Emberiza cioides*
	芦鹀 *Emberiza Schoeniclus*

附录Ⅲ 甘肃安南坝国家级自然保护区爬行动物名录

Ⅰ 蜥蜴目 LACETIFORMES	
1. 球趾虎科 Sphaerodactylidae	西域沙虎 *Teratoscincus przewalskii*
2. 鬣蜥科 Agamidae	叶城沙蜥 *Phrynocephalus axillaris*
	青海沙蜥 *Phrynocephalus vlangalii**
	变色沙蜥 *Phrynocephalus versicolor*
3. 蜥蜴科 Lacertidae	虫纹麻蜥 *Eremias vermiculata*
	密点麻蜥 *Eremias multiocellata*
Ⅱ 蛇目 SERPENTIFORMES	
4. 蟒科 Boidae	东方沙蟒 *Eryx tataricus*
5. 游蛇科 Colubridae	白条锦蛇 *Elaphe dione*
	花条蛇 *Psammophis lineolatus*
6. 蝰科 Viperidae	阿拉善蝮 *Gloydius cognatus*

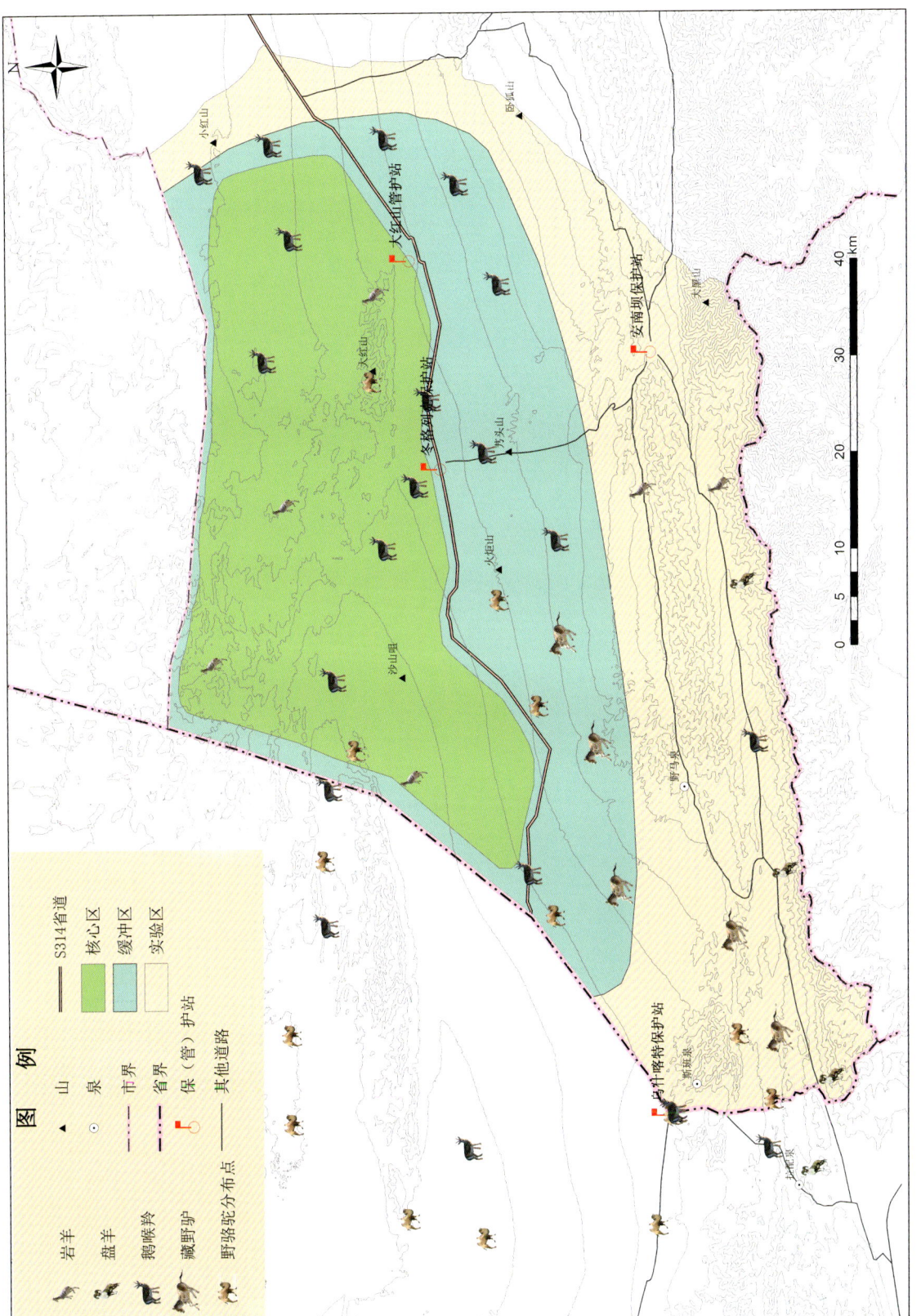

附图1 安南坝保护区珍稀有蹄类动物分布图

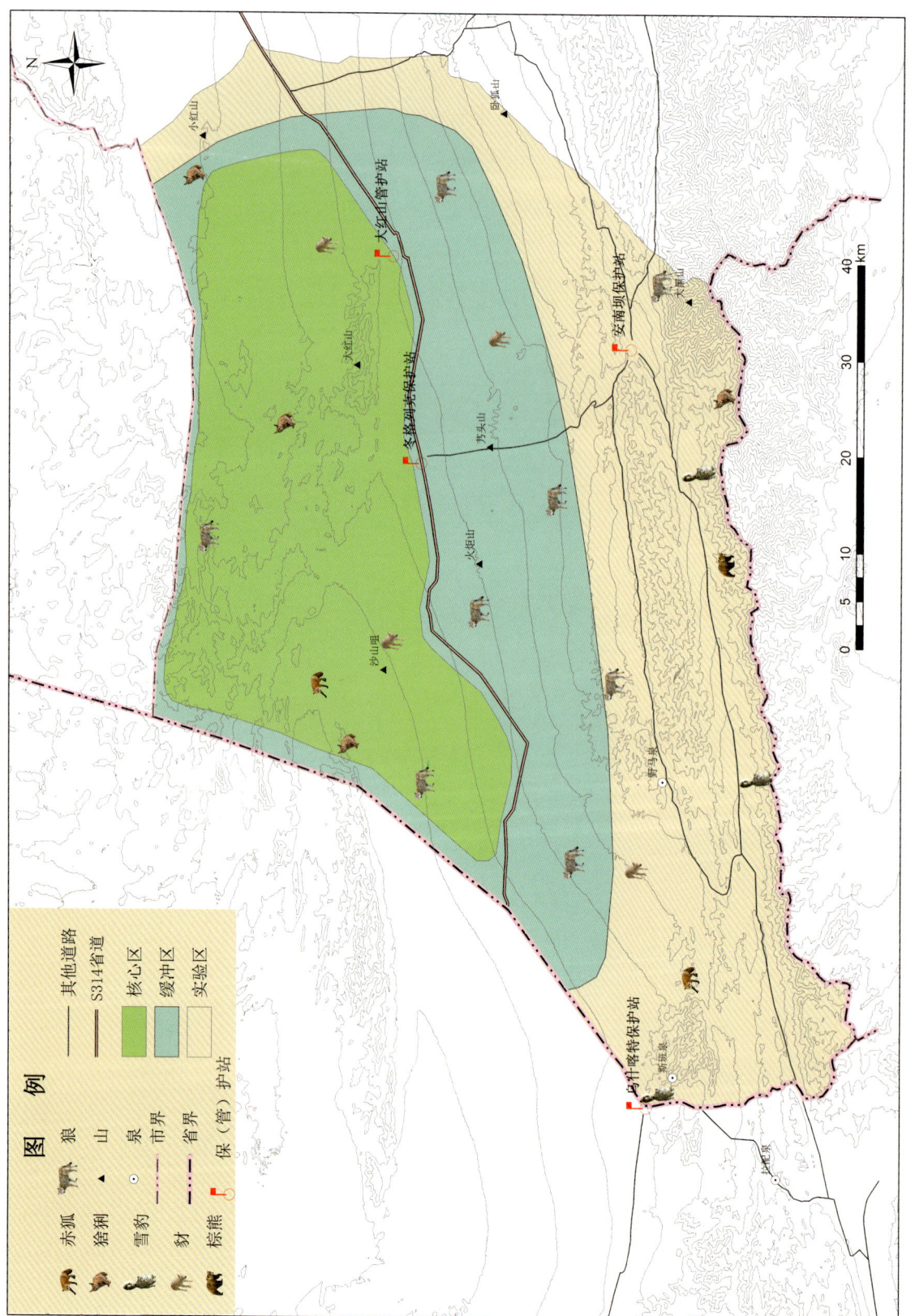

附图2 安南坝保护区食肉动物分布图

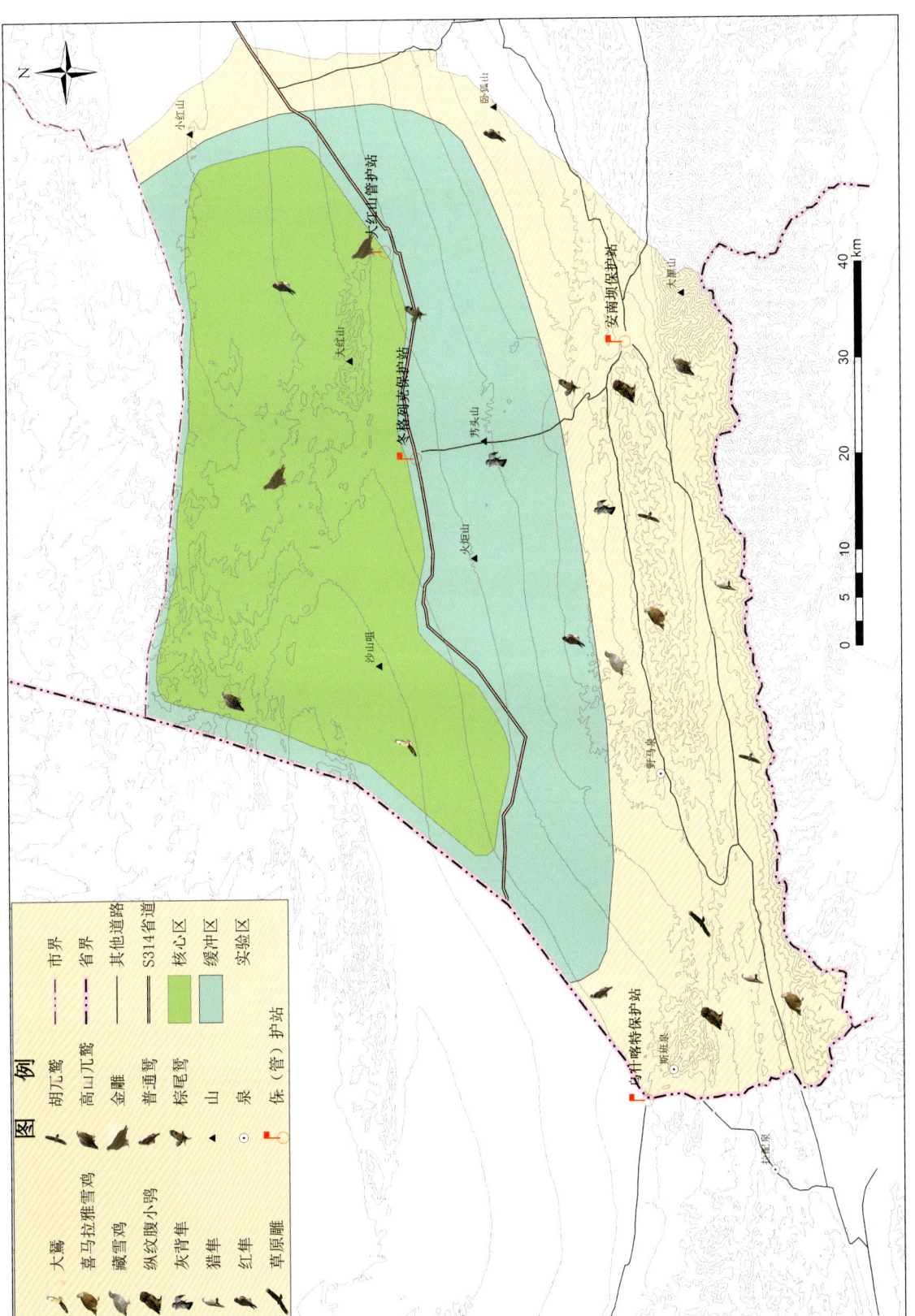

附图3 安南坝保护区珍稀鸟类分布图